Erwin Dee Kord (Hrsg.)

Bienenkörbchen

Erwin Dee Kord (Hrsg.)

Solv

Bienenkörbchen

Schnecken, Grasschnecken, Landlungenschnecken, Schneckenhaus

Solv

Contents

Articles

References

Bienenkörbchen

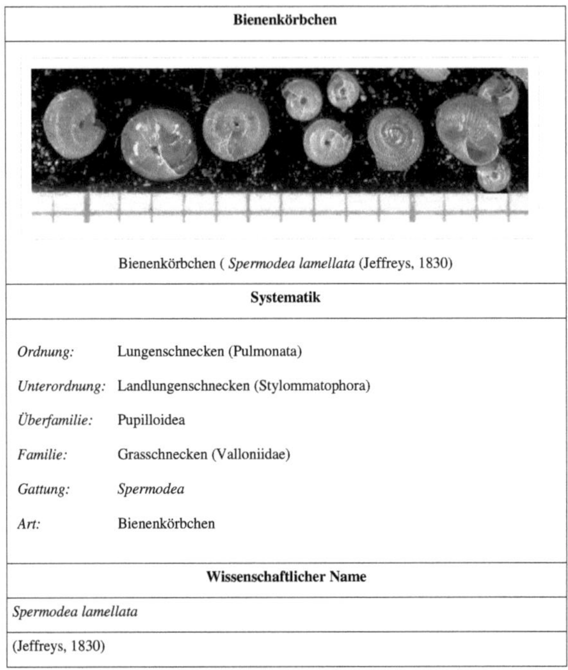

Systematik	
Ordnung:	Lungenschnecken (Pulmonata)
Unterordnung:	Landlungenschnecken (Stylommatophora)
Überfamilie:	Pupilloidea
Familie:	Grasschnecken (Valloniidae)
Gattung:	Spermodea
Art:	Bienenkörbchen
Wissenschaftlicher Name	
Spermodea lamellata	
(Jeffreys, 1830)	

Das **Bienenkörbchen** (*Spermodea lamellata*) ist eine landlebende Schneckenart aus der Familie der Grasschnecken (Valloniidae); die Familie gehört zur Unterordnung der Landlungenschnecken (Stylommatophora).

Merkmale

Das Gehäuse ist kugelig mit niedrigkegeligem Apex. Es misst etwa 2 × 2 mm und hat 5,5 bis 6 Umgänge. Die Windungen sind gerundet, und der Nabel ist eng und tief. Die Oberfläche ist mit ausgeprägten, nahezu senkrecht zur Windungsachse stehenden Rippen versehen. Die Rippen sind Auswüchse des organischen Periostracums und daher nur an frischen Exemplaren zu sehen. Bei verwitterten Exemplaren fehlen sie. Durch die Rippen erscheint das Gehäuse leicht irisierend. Es ist honiggelb bis goldbraun gefärbt. Die Mündung ist rundlich bis oval und der Mundsaum ist nicht verdickt, eher dünn und zerbrechlich.

Vorkommen, Lebensweise und Verbreitung

Das Bienenkörbchen lebt in alten Laub- und Laubmischwäldern in mäßig feuchter Bodenstreu. Das Verbreitungsgebiet kann als nordwesteuropäisch-atlantisch beschrieben werden. Es reicht von Portugal bis zu den Britischen Inseln und im Nordosten bis Nordostpolen. Im Norden zieht sich das Verbreitungsgebiet bis nach Nordnorwegen.

Systematik

Das Bienenkörbchen ist die Typusart der Gattung *Spermodea* Westerlund, 1903. Der deutsche Trivialname rührt von der Ähnlichkeit des Gehäuses mit alten Bienenkörben her.

Literatur

* Rosina Fechter und Gerhard Falkner: *Weichtiere.* 287 S., Mosaik-Verlag, München 1990 (Steinbachs Naturführer 10), ISBN 3-570-03414-3
* Jürgen H. Jungbluth und Dietrich von Knore: *Trivialnamen der Land- und Süßwassermollusken Deutschlands (Gastropoda et Bivalvia).* Mollusca, 26(1): 105-156, Dresden 2008, ISSN 1864-5127 [1] PDF [2]
* Michael P. Kerney, R. A. D. Cameron & Jürgen H. Jungbluth: *Die Landschnecken Nord- und Mitteleuropas.* 384 S., Paul Parey, Hamburg & Berlin 1983, ISBN 3-490-17918-8

Weblinks

* Mollbase [3]
* Molluscs of Central Europe [4]
* AnimalBase [5]
* Fauna Europaea [6]

References

[1] http://dispatch.opac.d-nb.de/DB=1.1/CMD?ACT=SRCHA&IKT=8&TRM=1864-5127

[2] http://globiz.sachsen.de/snsd/publikationen/mollusca-journal/mollusca_26-1-2008/08_Jungbluth.pdf

[3] http://www.mollbase.de/sh/valloniidae/spermodea_lamellata_atl.htm

[4] http://www.mollbase.de/list/index.php?aktion=zeige_taxon&id=420

[5] http://www.animalbase.uni-goettingen.de/zooweb/servlet/AnimalBase/home/species?id=1217

[6] http://www.faunaeur.org/full_results.php?id=431137

Schnecken

<table>
<tr><td colspan="2" align="center">Schnecken</td></tr>
<tr><td colspan="2" align="center">
Weinbergschnecke (Helix pomatia)</td></tr>
<tr><td colspan="2" align="center">Systematik</td></tr>
<tr><td>Unterabteilung:</td><td>Bilateria</td></tr>
<tr><td>ohne Rang:</td><td>Urmünder (Protostomia)</td></tr>
<tr><td>Überstamm:</td><td>Lophotrochozoen (Lophotrochozoa)</td></tr>
<tr><td>Stamm:</td><td>Weichtiere (Mollusca)</td></tr>
<tr><td>Unterstamm:</td><td>Schalenweichtiere (Conchifera)</td></tr>
<tr><td>Klasse:</td><td>Schnecken</td></tr>
<tr><td colspan="2" align="center">Wissenschaftlicher Name</td></tr>
<tr><td colspan="2">Gastropoda</td></tr>
<tr><td colspan="2">Cuvier, 1797</td></tr>
</table>

Schnecken (Gastropoda, gr. Bauchfüßer) bilden eine von acht Tierklassen aus dem Stamm der Weichtiere (Mollusca). Sie sind die artenreichste der acht Klassen und die einzige, die auch landlebende Arten hervorgebracht hat. Ihre Körpergröße im Adultstadium variiert von unter 0,5 mm (Familie Omalogyridae) bis zu 75 cm (*Aplysia vaccaria*).

Merkmale

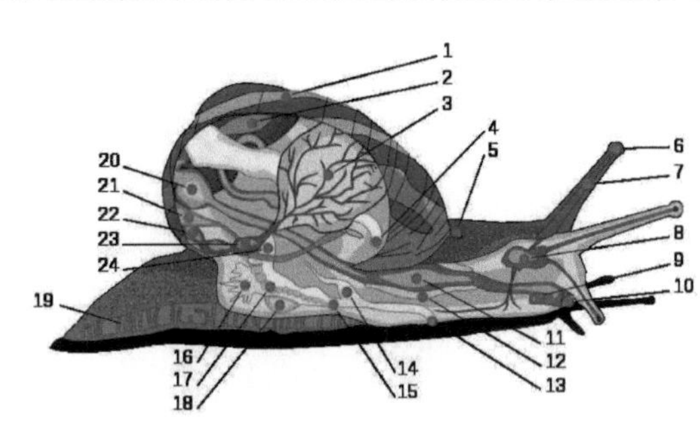

1 Gehäuse, 2 Leber, 3 Lunge, 4 Darmausgang, 5 Atemöffnung, 6 Auge, 7 Fühler, 8 Schlundganglion, 9 Speicheldrüse, 10 Mund, 11 Kropf, 12 Speicheldrüse, 13 Geschlechtsöffnung, 14 Penis, 15 Vagina, 16 Schleimdrüse, 17 Eileiter, 18 Pfeilbeutel, 19 Fuß, 20 Magen, 21 Niere, 22 Mantel, 23 Herz, 24 Samenleiter

Der weiche Körper einer Schnecke besteht aus Kopf und Fuß (zusammen als Kopffuß bezeichnet), sowie dem rückenliegenden (dorsalen) Eingeweidesack, der von der Gewebeschicht des Mantels geschützt wird. Zellen im Mantel bilden die harte Schale, die zwar im Grundaufbau anderen Weichtierschalen ähnelt, aber im Gegensatz zu diesen asymmetrisch zu einer Seite des Körpers gewunden ist. Die Asymmetrie der Schneckenschale entsteht durch einen entwicklungsbiologischen Vorgang, den man als Torsion bezeichnet, bei dem der Eingeweidesack mit dem Mantel sich nach rechts dreht, so dass die ursprünglich hinten liegende Mantelhöhle mit den Atemorganen nach vorne wandert (sogenannte Vorderkiemer, Prosobranchia) [1]. Zur Platzersparnis winden sich der Eingeweidesack und damit auch Mantel und Schale anschließend zur bekannten Spirale zusammen. Bei den Hinterkiemerschnecken (Opisthobranchia) führt eine weitere Drehung dazu, dass die Mantelhöhle wieder nach hinten zu liegen kommt. Die Atemorgane (sogenannte Kammkiemen oder Ctenidien) werden dann sekundär zurückgebildet – die Atmung findet über andere Organe statt (zum Beispiel die dorsalen Fiederkiemen der meereslebenden Nacktkiemer, Nudibranchia). Bei einigen Schneckengruppen entstand nach Rückbildung der Kiemen eine funktionelle Lunge. Diese Entwicklung ermöglichte den Lungenschnecken (Pulmonata) die Besiedelung des trockenen Landes. Die anschließende adaptive Radiation und Anpassung an die vielfältigen Lebensräume des trockenen Landes führte zu einer großen Vielfalt.

Schale oder Gehäuse

Die als Schneckenhaus bekannte Schale der Schnecken besteht zwar, wie bei den übrigen Schalenweichtieren aus Kalk (Calciumcarbonat), unterscheidet sich aber durch ihre asymmetrisch spiralige Windung (siehe oben) deutlich von diesen, kann so auch zum Beispiel von der Schale einer Muschel unterschieden werden. Während die Grundlagen der Schneckenschale (die ersten, als Primordialgewinde bezeichneten 1½ Windungen) bereits im Ei gelegt werden, wächst die übrige Schale bis zur Geschlechtsreife des Tieres. Der Kalk zum Schalenaufbau wird mit der Nahrung aufgenommen, kann aber zum Teil auch durch den

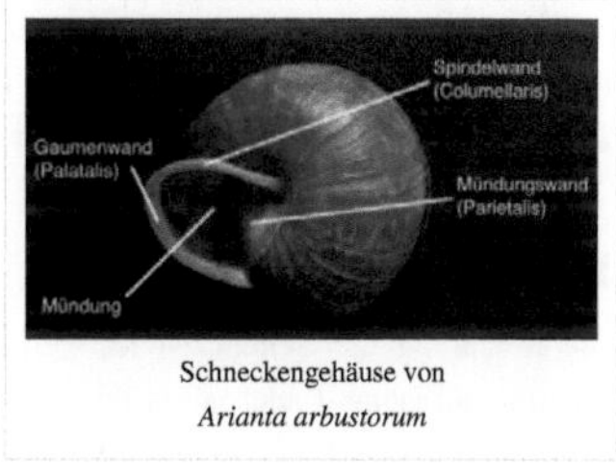

Schneckengehäuse von
Arianta arbustorum

Sohlenschleim aus dem Boden gelöst werden oder durch Anraspeln von anderen Weichtierschalen gewonnen werden.

In vielen Schneckengruppen verschließt nach dem Zurückziehen des Körpers ein Schalendeckel (Operculum) die Mündungsöffnung. Bei Strandschnecken kann so die Schale bei Ebbe abgedichtet werden und die Schnecke gegen Austrocknung geschützt werden. Auch Landdeckelschnecken (zum Beispiel Pomatiasidae) schützen sich mit einem Schalendeckel gegen Austrocknung. Aber auch zur Zeit der Winterstarre wird die Schneckenhausöffnung bis zum

Erwachen im Frühjahr verschlossen. Dieser Schalendeckel zum Beispiel der Weinbergschnecke, das sogenannte Epiphragma, ist jedoch eine komplett andere Bildung, die im Frühling wieder abgeworfen wird.

Grundsätzlich ist die Windungsrichtung der Schneckenschale (bei den meisten Arten nach rechts) für jede Art spezifisch und wird matroklin (dem Genom des Muttertiers folgend) vererbt. Die Ausnahme bilden Abweichlinge, bei denen die Schale entgegengesetzt gewunden ist. Bei Weinbergschnecken bezeichnet man diese seltenen Exemplare als Schneckenkönige.

Fortbewegung und Orientierung

Der beim aktiven Tier außerhalb des Gehäuses sichtbare Körper der Schnecke ist auf der Bauchseite (ventral) zu einer Sohle abgeflacht, die der Fortbewegung dient und wird folgerichtig als Fuß bezeichnet. Am vorderen Ende läuft der Fuß in den Kopf aus, an dem Fühler der Schnecke zur Orientierung dienen. Während manche Schneckenarten nur zwei Fühler mit Augen an der Basis besitzen, haben die Landlungenschnecken (Stylommatophora) vier Fühler, deren größeres Paar jeweils ein Auge trägt. Nur bei diesen sind die Fühler einziehbar.

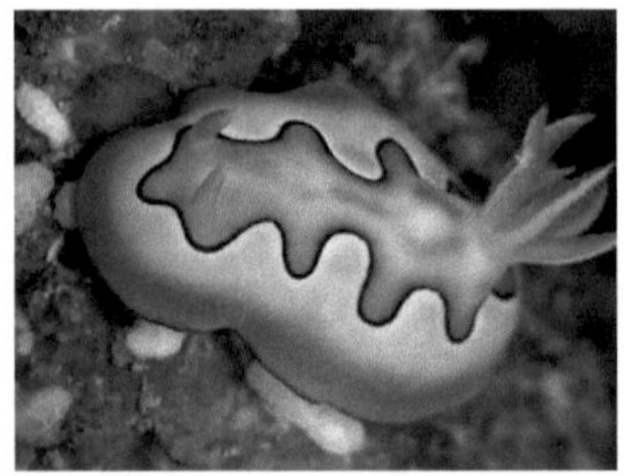

Koi-Prachtsternschnecke (*Chromodoris coi*)

Während die Fortbewegung bei kleinen Wasserschnecken auf einem Wimperteppich stattfindet, kriechen die größeren und vor allem die landlebenden Arten auf einem Schleimteppich, der hinter ihnen als Schleimspur zurückbleibt. Während die Landlungenschnecken (Stylommatophora) sich mit Hilfe einer wellenförmigen Sohlenbewegung fortbewegen, nutzen zum Beispiel die Landdeckelschnecken ihren zweigeteilten Fuß in einer Art zweifüßigen Schreitgang.

Der Fuß ist äußerst beweglich und kann zum Graben oder zum Formen von Eipaketen genutzt werden. Manche Wasserschnecken schwimmen mit Hilfe des Fußes, andere (zum Beispiel Schlammschnecken, Lymnaeidae) können an der Unterseite der Wasseroberfläche kriechen. Napfschnecken (zum Beispiel Patellidae) können sich mit großer Kraft am Felsen festsaugen und

Gefleckte Weinbergschnecke

so fast unbehelligt die Ebbe überdauern, ohne auszutrocknen. Nachts lösen sie sich von ihrem angestammten Ruheplatz und gehen auf Nahrungssuche, um anschließend wieder zurückzukehren. Andere Arten haben sich an eine sessile Lebensweise ähnlich den Muscheln angepasst.

Ernährung

Die Ernährung der Schnecken ist vielfältig – es gibt Pflanzenfresser, Aasfresser und räuberische Arten. Die Nahrungsaufnahme findet mit Hilfe eines spezialisierten Organs statt, das ausschließlich innerhalb der Weichtiere entstanden ist und so im Tierreich einzigartig ist: Eine mit Zähnchen besetzte Raspelzunge (Radula). Ähnlich dem Gebiss anderer Tiere ist die Radula der Schnecken der Ernährung angepasst: Pflanzenfresser besitzen eine Vielzahl gleichförmiger Raspelzähnchen, mit denen Pflanzenmaterial abgeraspelt werden kann. Räuberische Arten besitzen oft lange, dolchartige Raspelzähnchen, mit denen die Beute festgehalten werden kann und Fleischstücke heraus gerissen werden. Der Extremfall entsteht bei den meereslebenden Kegelschnecken (Conidae), bei denen nurmehr wenige harpunenförmige Zähnchen existieren, die dazu dienen, der Beute ein Gift zu injizieren und sie so zu lähmen.

Fortpflanzung

Im Gegensatz zu den meisten meereslebenden Schnecken sind neben manchen Wasserschnecken die Landlungenschnecken (Stylommatophora) ausschließlich Zwitter (Hermaphroditen): Geschlechts- und Hilfsorgane befinden sich in einem gemeinsamen Genitalapparat. Während viele meereslebende Schnecken sich über frei schwimmende Larven vom Veliger-Typ entwickeln, entwickeln sich die Landschnecken vollständig innerhalb des Eies und schlüpfen als beschalte Jungschnecken. Wie einige festsitzende Arten der Wurmschnecken (Vermetidae) sich mit Hilfe des Wasserstromes vermehren, so haben andere sessile Arten wie die Pantoffelschnecke ein besonderes Zwittertum entwickelt: Abhängig vom Alter des Tieres reifen die Geschlechtsorgane, so dass sie in jungen Jahren männliche und in älteren weibliche Funktionen erfüllen. Da sie festsitzen und sich

Zwittrige Fortpflanzung bei der Spanischen Wegschnecke

demnach nicht fortbewegen, setzt sich die Nachkommenschaft mit Vorliebe im beweglichen Stadium der Veligerlarve rechts auf ein älteres Tier. Nach Reifung der Larve zur erwachsenen männlichen Schnecke können sich beide Arten durch den Altersunterschied vermehren und das Spiel kann mit der Nachkommenschaft von vorne beginnen.

Liebesspiel und Paarung am Beispiel der Weinbergschnecke.
Die Paarung der Weinbergschnecke findet nach einem mehrstündigen Liebesspiel statt, bei dem sich die Schnecken zunächst mit den Fühlern betasten, und mit den Fußsohlen aneinander hoch kriechen. Im Verlauf des Liebesspiels kann es zur Anwendung eines so genannten Liebespfeils kommen, mit dem ein hormonales Sekret übertragen wird, das die Fortpflanzungschancen der Samenzellen der betreffenden Spenderschnecke verbessert. Nach mehreren meist erfolglosen Begattungsversuchen kommt es schließlich zur eigentlichen Begattung, die bei Weinbergschnecken gleichzeitig und wechselseitig stattfindet, im Gegensatz zu anderen, auch zwittrigen, Schneckenarten, bei denen

Kopulierende Weinbergschnecken

einer der beiden Partner als Männchen und der andere als Weibchen wirkt. Nach der Begattung bleiben die beiden Schnecken verbunden und tauschen ein Samenpaket, die so genannte Spermatophore, aus. Die darin enthaltenen Samenzellen werden im Genitalapparat der Schnecke in der Befruchtungstasche gespeichert. Später, unabhängig von der Paarung, entstehen in der Gonade (da sie auch die Samenzellen produziert, wird sie als Zwitterdrüse bezeichnet) Eizellen, die mit den gespeicherten Samenzellen befruchtet werden. Auf ihrer Wanderung durch den Eisamenleiter zum Genitalausgang entwickeln sich die befruchteten Eizellen zu Eiern, die bei der Weinbergschnecke auch über eine schützende Eierschale verfügen und in einer eigens gegrabenen Legehöhle abgelegt werden.

Verbreitung und Artenzahl

Über die genaue Artenzahl der Gastropoden liegen lediglich weit voneinander abweichende Schätzungen vor. Während die meisten Schätzungen von etwa 100.000 Schneckenarten ausgehen [2] [3] , finden sich in manchen Publikationen Angaben, die von höchstens 43.000 Schneckenarten ausgehen [4] , andere Quellen nennen hingegen maximale Zahlen von 240.000 ausschließlich marinen [!] Arten [5] . Unbestritten ist allerdings, dass die Schnecken den überwiegenden Anteil der Weichtieren ausmachen. Der Anteil an Land lebender Schnecken wird auf ca. 25.000 Arten geschätzt [6] . Der Grund für die stark divergierenden Angaben liegt offensichtlich im Fehlen einer kritischen Gesamtrevision der Schnecken-Taxonomie. In jüngerer Zeit sind infolge der Anwendung molekularer Analysemethoden bisher getrennte Arten zusammengefasst, andere auch in mehrere aufgetrennt worden. Einige bislang weitgehend unbearbeitete Lebensräume - z.B. die Tiefsee, kleine Inselgruppen im Pazifik etc. - beherbergen außerdem zahlreiche noch unbekannte Arten, die einer wissenschaftlichen Beschreibung harren.

Nacktschnecke bei der Eiablage

Paläontologie

Fossile Schnecken sind seit dem frühen Kambrium vor ca. 530 Millionen Jahren bekannt, wobei bei den allerältesten Funden allerdings nicht endgültig geklärt ist, ob sie wirklich zur Klasse der Schnecken zu zählen sind. Im Erdaltertum verbreitet waren Arten der Gruppe Bellerophon. Echte Süßwasser- und Land-Lungenschnecken sind mit Sicherheit erst ab dem Erdmittelalter (Jurazeit) bekannt [7] , doch dürften in früheren Erdperioden (Trias, spätes Paläozoikum) durchaus auch schon Schnecken auf dem Festland oder im Süßwasser gelebt haben.

Systematik

Die zu den Schnecken nächstverwandten Klassen innerhalb der Weichtiere sind noch nicht eindeutig identifiziert. Die früher teilweise vermutete nahe Verwandtschaft zu den Einschalern (Monoplacophora) gilt heute als überholt. Diskutiert wird die nahe Verwandtschaft im Sinne eines Schwestergruppenverhältnisses entweder zu den Kahnfüßern (Scaphopoda) oder zu den Kopffüßern (Cephalopoda). Als systematisches und primäres Kennzeichen der Schnecken gelten (neben molekularen Markern) die Ausbildung einer Streptoneurie durch Torsion, die Ausbildung einer rein vorderen Mantelhöhle, die Ausbildung von nur einem Paar Schalenmuskeln und nur einer (der rechten) Gonade, ferner die Ausbildung von einem Paar Kopftentakel.

Die anderen noch lebenden sieben Klassen der Weichtiere sind Muscheln, Kahnfüßer, Furchenfüßer, Schildfüßer, Käferschnecken, Monoplacophora und Kopffüßer.

Die innere Systematik der Schnecken wird in vielen Zügen noch immer kontrovers diskutiert. Einigkeit besteht aber darin, dass das traditionelle System, in dem zwischen den drei Hauptgruppen Prosobranchia (Vorderkiemerschnecken), Opisthobranchia (Hinterkiemerschnecken) und Pulmonaten (Lungenschnecken) unterschieden wird, als veraltet gilt, da es nicht auf monophyletischen Einheiten beruht. Diese Gruppen beschreiben Organisationsniveaus und werden nur noch als deskriptive Einheiten auf informeller Basis verwendet.

Moderne Systematik

Neuere morphologische und genetische Merkmale bringen zunehmend neue Erkenntnisse bezüglich der Verwandtschaftsverhältnisse zwischen den einzelnen Schneckengruppen. Eine erste größere Revision wurde von Ponder & Lindberg (1997) veröffentlicht (siehe Tabelle). In diesem System wurden möglichst nur strikt monophyletische Gruppen beibehalten, soweit sie den Autoren als solche erkennbar waren.

Auch diese Analyse gilt heute allerdings infolge jüngerer Untersuchungen [8] [9] [10] als stellenweise überholt. So werden inzwischen die „Basommatophora" nur noch als informelle Gruppe betrachtet und nicht mehr als monophyletisches Taxon und umfassen nach Bouchet & Rocroi (2005) auch nicht mehr die Glacidorboidea. Infolge des sich aber weiterhin im Flusse befindlichen Übergangszustandes der Schneckensystematik werden diese und viele weitere aktuelle Befunde hier noch nicht implementiert.

Klassifikation der Schnecken auf Grundlage der phylogenetischen Analyse von Ponder & Lindberg (1997)

Schnecken (Gastropoda) (Cuvier, 1797)

- Incertæ sedis
  - Ordnung Bellerophontida (fossil)
  - Ordnung Mimospirina (fossil)
- **Unterklasse Eogastropoda** (Ponder & Lindberg, 1996) (ehemals Prosobranchia)
  - Ordnung Euomphalida de Koninck 1881 (fossil)
    - Überfamilie Macluritoidea
    - Überfamilie Euomphaloidea
    - Überfamilie Platyceratoidea
  - Ordnung Patellogastropoda Lindberg,1986 (echte Napfschnecken)
    - Unterordnung Patellina Van Ihering,1876
      - Überfamilie Patelloidea Rafinesque, 1815 (Napfschnecken)
    - Unterordnung Nacellina Lindberg, 1988
      - Überfamilie Acmaeoidea Carpenter, 1857
      - Überfamilie Nacelloidea Thiele, 1891
    - Unterordnung Lepetopsina McLean, 1990
      - Überfamilie Lepetopsoidea McLean, 1990
- **Unterklasse Orthogastropoda** Ponder & Lindberg, 1996 (ehemals Prosobranchia, Opisthobranchia & Pulmonata)
  - Incertæ sedis
    - Ordnung Murchisoniina Cox & Knight, 1960 (fossil)
      - Überfamilie Murchisonioidea Koken, 1889
      - Überfamilie Loxonematoidea Koken, 1889
      - Überfamilie Lophospiroidea Wenz, 1938
      - Überfamilie Straparollinoidea Wagner, 2002
  - Grade Subulitoidea Lindström, 1884
    - Überordnung Cocculiniformia Haszprunar, 1987
      - Überfamilie Cocculinoidea Dall, 1882
      - Überfamilie Lepetelloidea Dall, 1882 (Tiefsee-Napfschnecken)

Weinbergschnecke

Apfelschnecke

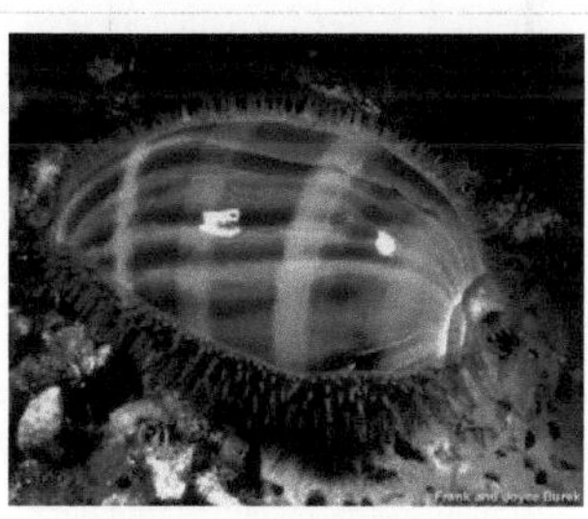

Cypraea cervus, eine Kaurischnecke

- Überordnung 'Hot Vent Taxa' Ponder & Lindberg, 1997
  - Ordnung Neomphaloida Sitnikova & Starobogatov, 1983
    - Überfamilie Neomphaloidea McLean, 1981 (Hydrothermal-Schnecken)
    - Überfamilie Peltospiroidea McLean, 1989
- Überordnung Vetigastropoda Salvini-Plawen, 1989
  - Überfamilie Fissurelloidea Flemming, 1822
  - Überfamilie Haliotoidea Rafinesque, 1815 (Seeohren)
  - Überfamilie Lepetodriloidea McLean, 1988 (Hydrothermal-Schnecken)
  - Überfamilie Pleurotomarioidea Swainson, 1840 (Schlitzbandschnecken)
  - Überfamilie Seguenzioidea Verrill, 1884
  - Überfamilie Trochoidea Rafinesque, 1815 (Kreiselschnecken)
- Überordnung Neritaemorphi Koken, 1896
  - Ordnung Cyrtoneritomorpha (fossil)
  - Ordnung Neritopsina Cox & Knight, 1960
    - Überfamilie Neritoidea Lamarck, 1809
- Überordnung Caenogastropoda Cox, 1960
  - Ordnung Architaenioglossa Haller, 1890
    - Überfamilie Ampullarioidea J. E. Gray, 1824 (unter anderem Apfelschnecken)
    - Überfamilie Cyclophoroidea J. E. Gray, 1847 (operculate Landschnecken)
  - Ordnung Sorbeoconcha Ponder & Lindberg, 1997
    - Unterordnung Discopoda P. Fischer, 1884
      - Überfamilie Campaniloidea Douvillé, 1904
      - Überfamilie Cerithioidea Férussac, 1822
    - Unterordnung Hypsogastropoda Ponder & Lindberg, 1997
      - Teilordnung Littorinimorpha Golikov & Starobogatov, 1975
        - Überfamilie Calyptraeoidea Lamarck, 1809 (unter anderem Calyptraeidae)
        - Überfamilie Capuloidea J. Fleming, 1822
        - Überfamilie Pterotracheoidea Rafinesque, 1814 (ehemals Heteropoda und Carinarioidea)
        - Überfamilie Cingulopsoidea Fretter & Patil, 1958
        - Überfamilie Cypraeoidea Rafinesque, 1815 (unter anderem Kaurischnecken und Eischnecken)
        - Überfamilie Ficoidea Meek, 1864 (Ficidae)
        - Überfamilie Laubierinoidea Warén & Bouchet, 1990

Posthornschnecke

Cyphoma gibbosum (Ovulidae)

Hain-Bänderschnecke

- Überfamilie Littorinoidea (Children), 1834 (Strandschnecken, Grübchenschnecken)
- Überfamilie Naticoidea Forbes, 1838 (Mondschnecken)
- Überfamilie Rissooidea J. E. Gray, 1847
- Überfamilie Stromboidea Rafinesque, 1815 (unter anderem Strombidae)
- Überfamilie Cassoidea Latreille, 1825 (syn. Tonnoidea Suter, 1913; unter anderem Cassidae, Ranellidae (Cymatiidae) und Personidae)
- Überfamilie Trivioidea Troschel, 1863 (Triviidae)
- Überfamilie Vanikoroidea J. E. Gray, 1840
- Überfamilie Velutinoidea J. E. Gray, 1840
- Überfamilie Wurmschnecken (Vermetoidea) Rafinesque, 1815
- Überfamilie Xenophoroidea Troschel, 1852 (Träger-Schnecken)
- Teilordnung Ptenoglossa J. E. Gray, 1853
  - Überfamilie Eulimoidea Philippi, 1853
  - Überfamilie Janthinoidea Lamarck, 1812
  - Überfamilie Triphoroidea J. E. Gray, 1847
- Teilordnung Neuschnecken (Neogastropoda) Thiele, 1929
  - Überfamilie Buccinoidea (zum Beispiel Buccinidae, Columbellidae)
  - Überfamilie Cancellarioidea Forbes & Hanley, 1851
  - Überfamilie Conoidea Rafinesque, 1815 (Kegelschnecken)
  - Überfamilie Muricoidea Rafinesque, 1815 (unter anderem Olivenschnecken)
- Überordnung Heterobranchia J. E. Gray, 1840
  - Ordnung Heterostropha P. Fischer, 1885
    - Überfamilie Architectonicoidea J. E. Gray, 1840
      - Überfamilie Nerineoidea Zittel, 1873 (fossil)
      - Überfamilie Omalogyroidea G.O. Sars, 1878
      - Überfamilie Pyramidelloidea J. E. Gray, 1840
      - Überfamilie Rissoelloidea J. E. Gray, 1850
      - Überfamilie Valvatoidea J. E. Gray, 1840
  - Ordnung Hinterkiemerschnecken (Opisthobranchia) Milne-Edwards, 1848
    - Unterordnung Cephalaspidea P. Fischer, 1883
      - Überfamilie Acteonoidea D'Orbigny, 1835
      - Überfamilie Bulloidea Lamarck, 1801
      - Überfamilie Cylindrobulloidea Thiele, 1931 (has to be included in the Sacoglossa)
      - Überfamilie Diaphanoidea Odhner, 1914

Flabellina iodinea, eine Fadenschnecke

Auffälliges Muster des Tigerschnegels

Haarschnecke

- • Überfamilie Haminoeoidea Pilsbry, 1895
- • Überfamilie Philinoidea J. E. Gray, 1850
- • Überfamilie Ringiculoidea Philippi, 1853
- • Unterordnung Sacoglossa Von Ihering, 1876
  - • Überfamilie Oxynooidea H. & A. Adams, 1854
- • Unterordnung Seehasen (Anaspidea) P. Fischer, 1883
  - • Überfamilie Akeroidea Pilsbry, 1893
  - • Überfamilie Aplysioidea Lamarck, 1809
- • Unterordnung Notaspidea P. Fischer, 1883
  - • Überfamilie Tylodinoidea J. E. Gray, 1847
  - • Überfamilie Pleurobranchoidea Férussac, 1822
- • Unterordnung Thecosomata Blainville, 1824
  - • Teilordnung Euthecosomata
    - • Überfamilie Limacinoidea
    - • Überfamilie Cavolinioidea
  - • Teilordnung Pseudothecosomata
    - • Überfamilie Peraclidoidea
    - • Überfamilie Cymbulioidea
- • Unterordnung Gymnosomata Blainville, 1824
  - • Familie Clionidae Rafinesque, 1815
  - • Familie Cliopsidae Costa, 1873
  - • Familie Hydromylidae Pruvot-Fol, 1942
  - • Familie Laginiopsidae Pruvot-Fol, 1922
  - • Familie Notobranchaeidae Pelseneer, 1886
  - • Familie Pneumodermatidae Latreille, 1825
  - • Familie Thliptodontidae Kwietniewski, 1910
- • Unterordnung Nacktkiemer (Nudibranchia) Blainville, 1814
  - • Teilordnung Anthobranchia Férussac, 1819
    - • Überfamilie Doridoidea Rafinesque, 1815
    - • Überfamilie Doridoxoidea Bergh, 1900
    - • Überfamilie Onchidoridoidea Alder & Hancock, 1845
    - • Überfamilie Polyceroidea Alder & Hancock, 1845
  - • Teilordnung Cladobranchia Willan & Morton, 1984
    - • Überfamilie Dendronotoidea Allman, 1845
    - • Überfamilie Arminoidea Rafinesque, 1814
    - • Überfamilie Metarminoidea Odhner in Franc, 1968
    - • Überfamilie Aeolidioidea J. E. Gray, 1827
- • Ordnung Lungenschnecken (Pulmonata) Cuvier in Blainville, 1814
  - • Unterordnung Systellommatophora Pilsbry, 1948
    - • Überfamilie Onchidioidea Rafinesque, 1815
    - • Überfamilie Otinoidea H. & A. Adams, 1855
    - • Überfamilie Rathouisioidea Sarasin, 1889
  - • Unterordnung Wasserlungenschnecken (Basommatophora) Keferstein in Bronn, 1864
    - • Überfamilie Acroloxoidea Thiele, 1931
    - • Überfamilie Amphiboloidea J. E. Gray, 1840

- Überfamilie Chilinoidea H. & A. Adams, 1855
- Überfamilie Glacidorboidea Ponder, 1986
- Überfamilie Lymnaeoidea Rafinesque, 1815
- Überfamilie Planorboidea Rafinesque, 1815
- Überfamilie Siphonarioidea J. E. Gray, 1840
- Unterordnung Eupulmonata Haszprunar & Huber, 1990
  - Teilordnung Acteophila Dall, 1885 (= früher Archaeopulmonata)
    - Überfamilie Melampoidea Stimpson, 1851
  - Teilordnung Trimusculiformes Minichev & Starobogatov, 1975
    - Überfamilie Trimusculoidea Zilch, 1959
  - Teilordnung Landlungenschnecken (Stylommatophora) A. Schmidt, 1856
    - Unterteilordnung Orthurethra
      - Überfamilie Achatinelloidea Gulick, 1873
      - Überfamilie Cochlicopoidea Pilsbry, 1900
      - Überfamilie Partuloidea Pilsbry, 1900
      - Überfamilie Pupilloidea Turton, 1831
    - Unterteilordnung Sigmurethra
      - Überfamilie Acavoidea Pilsbry, 1895
      - Überfamilie Achatinoidea Swainson, 1840
      - Überfamilie Aillyoidea Baker, 1960
      - Überfamilie Arionoidea J. E. Gray in Turnton, 1840
      - Überfamilie Buliminoidea Clessin, 1879
      - Überfamilie Camaenoidea Pilsbry, 1895
      - Überfamilie Clausilioidea Mörch, 1864
      - Überfamilie Dyakioidea Gude & Woodward, 1921
      - Überfamilie Gastrodontoidea Tryon, 1866
      - Überfamilie Helicoidea Rafinesque, 1815
      - Überfamilie Helicarionoidea Bourguignat, 1877
      - Überfamilie Limacoidea Rafinesque, 1815
      - Überfamilie Oleacinoidea H. & A. Adams, 1855
      - Überfamilie Orthalicoidea Albers-Martens, 1860
      - Überfamilie Plectopylidoidea Moellendorf, 1900
      - Überfamilie Polygyroidea Pilsbry, 1894
      - Überfamilie Punctoidea Morse, 1864
      - Überfamilie Rhytidoidea Pilsbry, 1893
      - Überfamilie Sagdoidea Pilsbry, 1895
      - Überfamilie Staffordioidea Thiele, 1931
      - Überfamilie Streptaxoidea J. E. Gray, 1806
      - Überfamilie Zonitoidea Mörch, 1864
      - ? Überfamilie Athoracophoroidea P. Fischer, 1883 (= Tracheopulmonata)
      - ? Überfamilie Succineoidea Beck, 1837 (= Heterurethra)

Traditionelle Systematik

Das traditionelle (und veraltete) System unterteilt die Schnecken hingegen in die drei Hauptgruppen Vorderkiemerschnecken (Prosobranchia), Lungenschnecken (Pulmonata) und Hinterkiemerschnecken (Opisthobranchia) mit diversen Untergruppen. Diese Untergliederung wird vielfach noch verwendet und soll daher hier kurz dargestellt werden. Einige Beispielarten sind ebenfalls angeführt.

Turritella carinata

- Vorderkiemerschnecken (Prosobranchia)

  - Archaeogastropoda – Altschnecken

    - *Haliotis sp.* – Seeohren
    - *Mikadotrochus sp.* – Millionärsschnecke
    - *Patella sp.* – Napfschnecke
    - *Pleurotomaria sp.* – Schlitzbandschnecke
    - *Theodoxus fluviatilis* – Flussnixenschnecke

  - Mesogastropoda – Mittelschnecken

    - *Ampullariidae* – Apfelschnecken
    - *Viviparus sp.* – Sumpfdeckelschnecke
    - *Littorina sp.* – Strandschnecke
    - *Turritella communis* – Turmschnecke
    - *Hydrobia ulvae* – Wattschnecke
    - *Crepidula fornicata* – Pantoffelschnecke
    - *Cypraea sp.* – Kaurischnecken

  - Neogastropoda – Neuschnecken

    - *Murex brandaris* – Herkuleskeule
    - *Nucella lapillus* – Nordische Purpurschnecke
    - *Buccinum undatum* – Wellhornschnecke
    - *Conus sp.* – Kegelschnecken
    - *Madagaskaris spec.* – Riesenschnecke von Madagaskar

  - Allogastropoda

    - *Architectonica spec.* – Sonnenuhrschnecke
    - *Odostomia sp.* – Pyramidenschnecke
    - *Omalogyra sp.* (kleinstes Gehäuse 0,1 mm)

- Lungenschnecken (Pulmonata)

  - Archaeopulmonata – Altlungenschnecken

    - *Ovatella myosotis* – Mausohrschnecke
    - *Carychium spec.* – Zwergschnecke
    - *Onchidella celtica*
    - *Siphonaria pectinata*
    - *Trimusculus reticulatus*

  - Basommatophora – Wasserlungenschnecken

    - *Acroloxus lacustris* – Teichnapfschnecke
    - *Lymnaea stagnalis* – Spitzschlammschnecke
    - *Galba truncatula* – Kleine Schlammschnecke

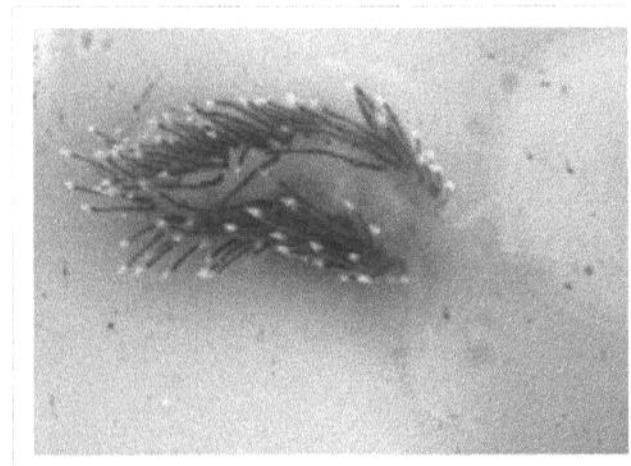

Drummonds Fadenschnecke (*Facelina bostoniensis*)

- *Planorbarius corneus* – Posthornschnecke
- *Ancylus fluviatilis* – Flussmützenschnecke
- Stylommatophora – Landlungenschnecken
  - *Succinea putris* – Bernsteinschnecke
  - *Achatina fulica* – Große Achatschnecke
  - *Arion ater* – Schwarze Wegschnecke
  - *Limax cinereo-niger* – Schwarzer Schnegel
  - *Limax maximus* – Großer Schnegel oder Tigerschnegel
  - *Limax sarnensis* – Sarner Schnegel
  - *Discus rotundatus (O. F. Müller)*
  - *Discus ruderatus*
  - *Helicella itala* – Große Heideschnecke
  - *Cepaea spec.* – Bänderschnecken
  - *Helix pomatia* – Weinbergschnecke
  - *Arianta arbustorum* – Gefleckte Schnirkelschnecke
  - *Ariolimax dolichophallus* – Bananenschnecke
- Hinterkiemerschnecken (Opisthobranchia)
  - Cephalaspidea (Bullomorpha) – Kopfschildschnecken
    - *Acteon tornatilis*
    - *Retusa obtusa*
  - Acochlidiacea
    - *Microhedyle lactaea*
  - Saccoglossa – Schlundsackschnecken
    - *Berthelinia sp.*
    - *Midorigai spec.*
  - Thecosomata – Seeschmetterlinge
    - *Criseis acicula* – Seeschmetterling
  - Gymnosomata – Ruderschnecken
    - *Clione limacina*
  - Anaspidea
    - *Aplysia sp.* – Seehase
  - Umbraculomorpha – Schirmschnecken
    - *Umbraculum sinicum*
  - Pleurobranchmorpha – Seitenkiemer
    - *Pleurobranchus californicus*
  - Nudibranchia – Nacktkiemer
  - Doridoidei – Sternschnecken
    - *Polycera faeroensis* – Färöische Hörnchenschnecke
    - *Archidoris pseudoargus* – Meerzitrone
  - Dendronotoidei – Baumschnecken
    - *Dendronotus frondosus* – Bäumchenschnecke
  - Arminodei – Furchenschnecken
  - Aelidoidei – Fadenschnecken
    - *Facelina auriculata* – Fadenschnecke
    - Drummonds Fadenschnecke – Facelina bostoniensis

- *Flabellina affinis* – Violette Fadenschnecke
- *Aerola kobaldis* – Blaue Flugschnecke
- *Tobacco blanca* – Weiße Tabakschnecke

Schnecken als Schädlinge

Schnecken sind Nahrungsgrundlage zahlreicher Tiere und Zwischenwirte vieler Parasiten und Krankheitserreger. Die Arten der Gattungen *Biomphalaria* und *Bulinus* sind die Zwischenwirte für verschiedene Arten des Pärchenegels, die die Schistosomiasis (früher auch Bilharziose genannt) beim Menschen verursachen. Die Bernsteinschnecke ist Zwischenwirt für den Saugwurm *Leucochloridium paradoxum*, der Vögel befällt. Andere Arten verbreiten Pflanzenpathogene, wie zum Beispiel viele Nacktschnecken. Kommt es durch das Wirken des Menschen zu einem Ungleichgewicht zwischen Schnecken und deren natürlichen Fressfeinden, kann Massenvermehrung zu negativen Effekten führen, die durch

Nacktschnecke auf verrottetem Holz

Monokulturen in der Landwirtschaft verstärkt werden. Auch Neozoen sind problematisch, wie die in den 1970er Jahren aus Westeuropa eingeschleppte Spanische Wegschnecke (*Arion vulgaris*). Es sind vorwiegend Nacktschnecken, wie zum Beispiel die Spanische Wegschnecke, die viele Pflanzen bis zum Kahlfraß schädigen können, wohingegen Gehäuseschnecken in vielen Fällen Welkfutter den Frischpflanzen vorziehen. Besonders bei kühler und nasser Witterung können Nacktschnecken zu einem Problem werden.

Schnecken als Nahrungsmittel

Hauptartikel: Schnecke (Lebensmittel)

Einige Schneckenarten, vor allem Weinbergschnecken, gelten seit der Antike als Delikatesse. Sie werden vornehmlich in Südeuropa (Frankreich, Italien, Spanien und Portugal) geschätzt, es gibt aber auch tradierte süddeutsche Schneckenrezepte (zum Beispiel die Badische Schneckensuppe). Auch Meeresschnecken landen auf der Speisekarte.

Siehe auch

- Schneckenkönig

Französisches Schneckengericht

- Molluskizid
- Jüngst wurde auf Hawaii eine Schmetterlingsart, *Hyposmocoma molluscivora* entdeckt, deren Raupen auf die Jagd von Schnecken spezialisiert sind.

Einzelnachweise

[1] R. Kilias: 12. Stamm Mollusca. S. 63 ff. in: *Lehrbuch der Speziellen Zoologie*, 3. Aufl., Band I, 3. Teil, G. Fischer, Jena 1982

[2] R. Kilias: 10. Stamm Mollusca. S. 9–245 in: *Lehrbuch der Speziellen Zoologie*, 5. Aufl., Band I, 3. Teil, G. Fischer, Jena 1993

[3] Wilfried Westheide, Reinhard Rieger: *Spezielle Zoologie*, Teil 1, 2. Auflage, Elsevier (2006)

[4] Mizzaro-Wimmer, M., Salvini-Plawen, L.: *Praktische Malakologie*, Springer Wien 2001

[5] Appeltans W., Bouchet P., Boxshall G.A., Fauchald K., Gordon D.P., Hoeksema B.W., Poore G.C.B., van Soest R.W.M., Stöhr S., Walter T.C., Costello M.J. (eds) (2011). World Register of Marine Species. Accessed at http://www.marinespecies.org vom 7. März 2011.

[6] Falkner, G., Fechter, R.: *Weichtiere*, Mosaik München 1990

[7] Noel Morris & John Taylor: Global events and biotic interactions as controls on the evolution of gastropods. In: Stephen J. Culver, Peter F. Rawson: *Biotic response to global change: The last 145 million years*. Cambridge University Press (2000)

[8] Winston Ponder & David Lindberg, *Towards a phylogeny of gastropod molluscs; an analysis using morphological characters*. Zoological Journal of the Linnean Society, 119: 83–265, London 1997 ISSN 0024-4082 (http://dispatch.opac.d-nb.de/DB=1.1/CMD?ACT=SRCHA&IKT=8&TRM=0024-4082)

[9] Paul Jeffery: *Suprageneric classification of class Gastropoda*. The Natural History Museum, London. 2001

[10] Philippe Bouchet, Jean-Pierre Rocroi: *Part 2. Working classification of the Gastropoda*. Malacologia, 47: 239–283, Ann Arbor 2005 ISSN 0076-2997 (http://dispatch.opac.d-nb.de/DB=1.1/CMD?ACT=SRCHA&IKT=8&TRM=0076-2997)

Literatur

* Abbott, R. T. (1989): *Compendium of Landshells. A color guide to more than 2,000 of the World's Terrestrial Shells*. 240 S., American Malacologists. Melbourne, Fl, Burlington, Ma. ISBN 0-915826-23-2

* Abbott, R. T. & Dance, S. P. (1998): *Compendium of Seashells. A full-color guide to more than 4,200 of the world's marine shells*. 413 S., Odyssey Publishing. El Cajon, Calif. ISBN 0-9661720-0-0

* Buse, L. & Godan, D. (1999): *Nacktschnecken – Auf leisen Sohlen durch die Welt*. Georgsmarienhütte. ISBN 3-923792-44-1

* Fechter, R. & Falkner, G. (1989): *Steinbachs Naturführer – Weichtiere*. 287 S., Mosaik-Verlag. München.

* Kerney, M. P., Cameron, R. A. D. & Jungbluth, J. H. (1983): *Die Landschnecken Nord- und Mitteleuropas*. 384 S., Verlag Paul Parey. Hamburg, Berlin. ISBN 3-490-17918-8

* Parkinson, B., Hemmen, J. & Groh, K. (1987): *Tropical Landshells of the World*. 279 S., Verlag Christa Hemmen. Wiesbaden. ISBN 3-925919-00-7

* Ponder, W. F. & Lindberg, D. R. (1997): *Towards a phylogeny of gastropod molluscs: an analysis using morphological characters*. Zoological Journal of the Linnean Society, **119** 83–265.

* Robin, A. (2008): *Encyclopedia of Marine Gastropods*. 480 S., Verlag ConchBooks. Hackenheim. ISBN 978-3-939767-09-1

* Sailer, S. (2004): *Pflanzen, die Schnecken mögen oder meiden sowie Abwehrtipps gegen Schnecken*. Verlag Susanne Sailer. Sulz a. N. ISBN 3-9809229-0-1

Weblinks

* Schnecken (*Gastropoda*) auf http://www.weichtiere.at (http://www.weichtiere.at/Schnecken/)

bjn:Gondang

Grasschnecken

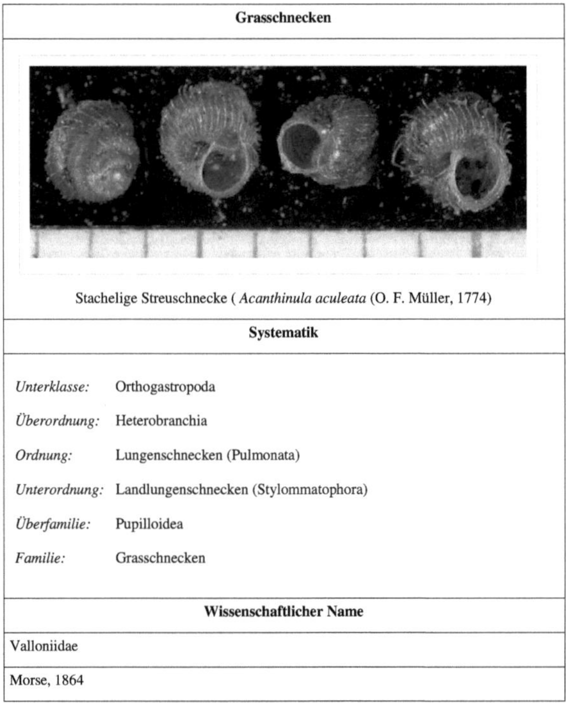

Grasschnecken

Stachelige Streuschnecke (*Acanthinula aculeata* (O. F. Müller, 1774)

Systematik

Unterklasse:	Orthogastropoda
Überordnung:	Heterobranchia
Ordnung:	Lungenschnecken (Pulmonata)
Unterordnung:	Landlungenschnecken (Stylommatophora)
Überfamilie:	Pupilloidea
Familie:	Grasschnecken

Wissenschaftlicher Name

Valloniidae

Morse, 1864

Die **Grasschnecken** (Valloniidae) sind eine Familie der Schnecken aus der Unterordnung der Landlungenschnecken (Stylommatophora). Derzeit sind etwa 70 Arten beschrieben.

Merkmale

Die Gehäuseform ist innerhalb der Familie sehr variabel; von flachgewölbt bis konisch. Die meist sehr kleinen Gehäuse haben 3 bis 3,5 Windungen (bei *Vallonia*), über 4 bei *Acanthinula* und bis 6 Umgänge bei *Spermodea*. Sie messen nur wenige Millimeter im Durchmesser. Die Mündung ist meist rund und ohne Zähne oder Verdickungen. Der Nabel ist weit und offen. Die Schale ist dünn und durchscheinend. Die Farbe reicht von grauweiß bis gelbbraun. Im zwittrigen Genitalapparat sind Penis und Epiphallus vorhanden. Die Prostata besteht aus wenigen Loben an der Basis der Albumindrüse. Der Blindsack und der Appendix des Penis sind gewöhnlich vorhanden. Der Stiel der Spermathek ist relativ kurz; ein Divertikel ist manchmal vorhanden.

Geographisches Vorkommen und Lebensweise

Die Verbreitung der Familie ist holarktisch. Die Arten der Unterfamilie Acanthinulinae werden häufig in feuchten Wäldern gefunden, die Arten der Valloniinae besiedeln grasbedeckte Standorte in der Nähe von Fließgewässern.

Systematik

Die Familie der Grasschnecken (Valloniidae) ist eine von 13 Familien der Überfamilie Pupilloidea. Andere Autoren stellen sie zur Überfamilie Orculoidea (die wiederum von den meisten Autoren nicht anerkannt wird)[1] . Sie wird von manchen Autoren in zwei Unterfamilien Valloniinae und Acanthinulinae eingeteilt.

- Familie Grasschnecken (Valloniidae Morse, 1864)
  - Unterfamilie Valloniinae Morse, 1864
    - Gattung *Plagyrona* Gittenberger, 1977
    - Gattung *Gittenbergeria* Giusti & Manganelli, 1986 (wird in der Website "Molluscs of central Europe" zur (Unter-)Familie Spelaeodiscidae gestellt)
      - *Gittenbergeria sororcula* (Benoit, 1852)
    - Gattung *Planogyra* Morse, 1864
    - Gattung *Vallonia* Risso, 1826 (mit den Untergattungen *Vallonia (Vallonia)* Risso, 1926 und *Vallonia (Planivallonia)* Schileyko, 1984)
      - Gerippte Grasschnecke (*Vallonia costata* (O. F. Müller, 1774))
      - Glatte Grasschnecke (*Vallonia pulchella* (O. F. Müller, 1774))
      - Schwäbische Grasschnecke (*Vallonia suevica* Geyer, 1908)
      - Alemannische Grasschnecke (*Vallonia alemannica* Geyer, 1908)
      - Feingerippte Grasschnecke (*Vallonia enniensis* (Gredler, 1856))
      - Schiefe Grasschnecke (*Vallonia excentrica* Sterki, 1892)
      - Große Grasschnecke (*Vallonia declivis* Sterki, 1892)
      - *Vallonia eiapopeia* Gerber, 1996 †
  - Unterfamilie Acanthinulinae Steenberg, 1917
    - Gattung *Pupisoma* Stoliczka, 1873
    - Gattung *Ptychopatula* Pilsbry, 189
    - Gattung *Salpingoma* Haas, 1937
    - Gattung *Acanthinula* Beck, 1847
      - Stachelige Streuschnecke (*Acanthinula aculeata* (O. F. Müller, 1774))
    - Gattung *Spermodea* Westerlund, 1902
      - Bienenkörbchen (*Spermodea lamellata* (Jeffreys, 1833))
    - Gattung *Zoogenetes* Morse, 1864
      - *Zoogenetes harpa* (Say, 1824)

Quellen

Einzelnachweise

[1] Schileyko (1998: S.95ff.)

Literatur

- Philippe Bouchet & Jean-Pierre Rocroi: *Part 2. Working classification of the Gastropoda.* Malacologia, 47: 239-283, Ann Arbor 2005 ISSN 0076-2997 (http://dispatch.opac.d-nb.de/DB=1.1/CMD?ACT=SRCHA& IKT=8&TRM=0076-2997)
- Rosina Fechter und Gerhard Falkner: *Weichtiere.* 287 S., Mosaik-Verlag, München 1990 (Steinbachs Naturführer 10) ISBN 3-570-03414-3
- Michael P. Kerney, R. A. D. Cameron & Jürgen H. Jungbluth: *Die Landschnecken Nord- und Mitteleuropas.* 384 S., Paul Parey, Hamburg & Berlin 1983, ISBN 3-490-17918-8
- Anatolij A. Schileyko: *Treatise on Recent terrestrial pulmonate molluscs, Part 1. Achatinellidae, Amastridae, Orculidae, Strobilopsidae, Spelaeodiscidae, Valloniidae, Cochlicopidae, Pupillidae, Chondrinidae, Pyramidulidae.* Ruthenica, Supplement 2(1): 1-127, Moskau 1998 ISSN 0136-0027 (http://dispatch.opac.d-nb. de/DB=1.1/CMD?ACT=SRCHA&IKT=8&TRM=0136-0027)

Weblinks

- British Non-Marine Molluscs: Families Valloniidae (http://delta-intkey.com/britmo/www/vallonii.htm)
- Molluscs of Central Europe (http://www.mollbase.de/list/index.php?aktion=zeige_taxon&id=407)

Periostracum

Als **Periostracum** bezeichnet man eine äußere, organische Schicht an der Schale bei Mollusken (Weichtieren) und Brachiopoden (Armfüßer). Dieses besteht aus Conchiolin, einem durch Chinone gegerbten und sklerotisierten Proteingemisch. Auf das Periostracum folgen 2-4 Kalkschichten. Die Periostracum dient als Schutzschicht für die darunter liegenden Schichten der Schale, etwa vor Säureeinwirkung oder bohrenden Fraßfeinden.

Siehe auch: Cuticula

Quellen

- Lexikon der Biologie. Band 6. Seite 330. Verlag Herder, Freiburg im Breisgau, 1985, ISBN 3-451-19646-8
- http://www.lebensmittellexikon.de/sch00440.php

Landlungenschnecken

Landlungenschnecken

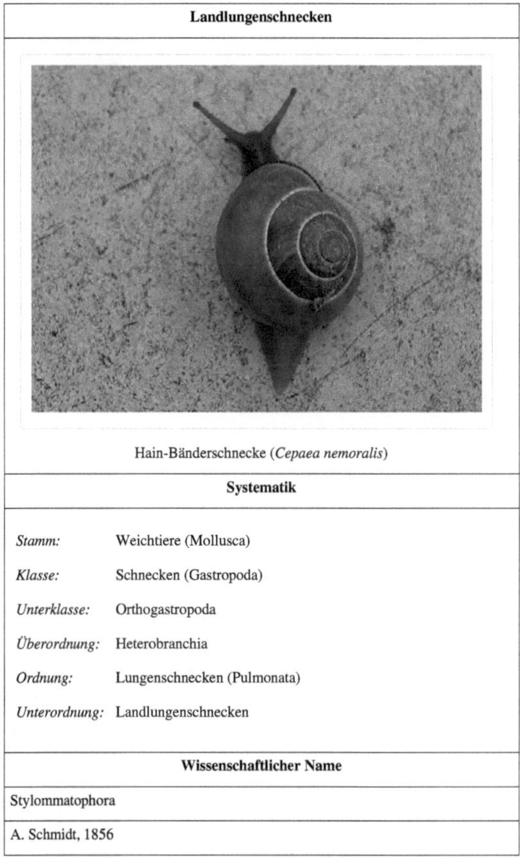

Hain-Bänderschnecke (*Cepaea nemoralis*)

Systematik

Stamm:	Weichtiere (Mollusca)
Klasse:	Schnecken (Gastropoda)
Unterklasse:	Orthogastropoda
Überordnung:	Heterobranchia
Ordnung:	Lungenschnecken (Pulmonata)
Unterordnung:	Landlungenschnecken

Wissenschaftlicher Name

Stylommatophora

A. Schmidt, 1856

Die **Landlungenschnecken** (Stylommatophora, griechisch für „Stielaugenträger") sind dauerhaft an Land lebende Vertreter der Lungenschnecken. Von den im Süßwasser lebenden Wasserlungenschnecken, die nur ein Paar Fühler besitzen, unterscheiden sie sich auffällig durch vier (zwei Paar) griffelförmige Fühler, von denen das hintere, längere Paar an der Spitze die Augen trägt.

Die Atmung erfolgt über Lungenhöhlen, deren Wände sehr gefäßreich sind. Die Landlungenschnecken brauchen zum Schutz vor Austrocknung einen besonderen Wasserhaushalt. Sie produzieren große Mengen Schleim, der vor übermäßiger Verdunstung schützt. Außerdem gibt häufig ein Gehäuse zusätzlichen Schutz. Nacktschnecken, bei denen das Gehäuse reduziert ist, vermeiden es, der Sonne ausgesetzt zu sein. Aber auch bei hohem Wasserverlust (50–80 %) können Landlungenschnecken einige Tage überleben. Einige xerophile Arten mit dicken Kalkgehäusen sind sogar Wüstenbewohner.

Bau

Gehäuse

Wie die meisten Lungenschnecken besitzen auch die meisten Landlungenschnecken ein Gehäuse. Dieses bietet den Schnecken, neben dem bereits genannten Verdunstungsschutz, Schutz vor Gefahren und Kälte. Bei Gefahr zieht sich die Landlungenschnecke in ihr Gehäuse zurück. Da es keinen Deckel hat, wird die Öffnung mit einem Mantelwulst verschlossen. Bei längeren Perioden der Trockenheit oder der Kälte verschließen die Schnecken ihr Gehäuse mit einem Epiphragma (Kalkverschluss). Das Schneckengehäuse entspricht einem äußeren Skelett. Es wird bereits während der

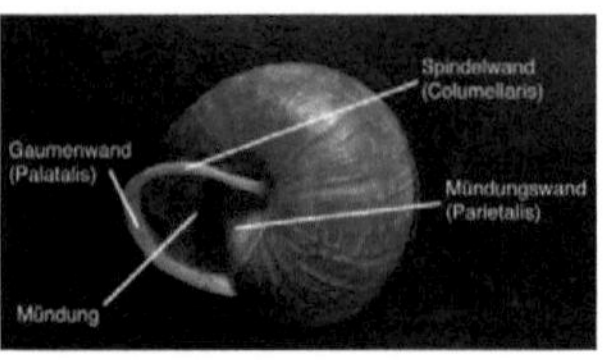

Aufbau eines Schneckengehäuses von unten

Entwicklung im Ei gebildet und besteht aus drei Schichten, der äußeren Konchiolinschicht, gefolgt von der Kalk- sowie der dritten, inneren Perlmutterschicht. Die Kalkschicht wird mittels besonderer Drüsen gebildet, die sich am Mantelrand (regulieren das Größenwachstum) sowie auf der Mantelfläche (regulieren das Dickenwachstum) befinden. Der Gehäuseeinbau geschieht in Form von Kalziumkarbonat. Ihre Schale ist spiralig eingerollt und selten zurückgebildet. In der letzten Windung des Schneckengehäuses, besonders in der Öffnung, befinden sich häufig Zähnchen und verschiedene Vertiefungen.

Nacktschnecken

Bei Nacktschnecken ist das Gehäuse zurückgebildet und häufig noch rudimentär vorhanden. Bei ihnen ist der Eingeweidesack reduziert, da die sich normalerweise darin befindlichen Organe sekundär wieder in den dorsal liegenden Teil des Kopffußes (Cephalopodium) einbezogen wurden. Wie die Atemöffnung liegt auch die Genitalöffnung bei Nacktschnecken stets rechts.

Durch den Verlust des Gehäuses errangen die Nacktschnecken vor allem eine größere Beweglichkeit.

Fortpflanzung

Landlungenschnecken sind im Gegensatz zu den meisten anderen Schnecken Zwitter. Sie legen bis zu 70 Eier, aus denen nach einigen Wochen die jungen Schnecken schlüpfen.

Die Rote Wegschnecke ist eine Nacktschnecke

Der Paarungsakt am Beispiel der Weinbergschnecke: Erst betasten sich die Schnecken gegenseitig mit ihren Fühlern. Dann klettern sie aneinander hoch. Um den Gegenüber zu stimulieren, schießen die Schnecken ein 5 - 10 mm langes Kalkstilett in dessen Sohle. Der eigentliche Paarungsakt: Das als Männchen fungierende Tier spritzt ein Samenpaket in die Geschlechtsöffnung des anderen. Jetzt trennen sich die Schnecken wieder. Nur selten findet eine Doppelbefruchtung statt. Dann werden in der Zwitterdrüse des „Weibchens" Eizellen produziert (die „Männchen" produzieren dort ihren Samen) und in Richtung Samenpaket geschickt. Jetzt werden die Eier befruchtet. Ein paar Tage später gräbt die Schnecke ein Loch in die Erde und legt die Eier dort hinein. 2-6 Wochen darauf schlüpfen kleine Schnecken aus diesen Eiern. Sie haben ein durchsichtiges Haus, da sie noch keinen Kalk anlagern konnten. Sie schlüpfen aus der Höhle und fangen an zu fressen. Nach etwa 3 Jahren sind die Tiere geschlechtsreif.

Paläontologie und Evolution

Neben einigen wenigen recht unsicheren älteren Funden am Ende des Paläozoikums, die vielleicht nur äußerliche Konvergenzbildungen darstellten, sowie vermuteten echten Stylommatophora am Ende der Jurazeit [1] finden sich gesicherte fossile Vertreter verschiedener heutiger Familien der Stylommatophora ab der oberen Kreide (Coniacium, vor ca. 88 Millionen Jahren). Es handelt sich dabei offensichtlich um Vertreter der Familien der Streptaxidae, Camaenidae und Helminthoglyptidae. In der folgenden Stufe (dem Santonium, vor ca. 85 Millionen Jahren) folgen die Familien Subulinidae und Plectopylidae [2] .

Systematik

Nach neueren molekularbiologischen Untersuchungen von Wade, Mordan & Naggs (2006) sind die Stylommatophora monophyletisch. Sie enthalten nach Bouchet & Rocroi (2005) folgende Überfamilien und Familien:

* Unterordnung **Landlungenschnecken** (Stylommatophora) A. Schmidt, 1856
    * Überfamilie Succineoidea Beck, 1837 (= Heterurethra)
        * Familie Bernsteinschnecken (Succineidae) Beck, 1837
    * Überfamilie Athoracophoroidea P. Fischer, 1883 (= Tracheopulmonata)
        * Familie Athoracophoridae P. Fischer, 1883
    * Überfamilie Partuloidea Pilsbry, 1900
        * Familie Partulidae Pilsbry, 1900
        * Familie Draparnaudiidae Solem, 1962
    * Überfamilie Achatinelloidea Gulick, 1873
        * Familie Achatinellidae Gulick, 1873
    * Überfamilie Cochlicopoidea Pilsbry, 1900
        * Familie Glattschnecken (Cochlicopidae Pilsbry, 1900)
        * Familie Amastridae Pilsbry, 1910
    * Überfamilie Enoidea Woodward, 1903
        * Familie Vielfraßschnecken (Enidae Woodward, 1903)
            * Unterfamilie Buliminusinae Kobelt, 1880
        * Familie Cerastidae Wenz, 1923
    * Überfamilie Pupilloidea Turton, 1831
        * Familie Puppenschnecken (Pupillidae Turton, 1831)
        * Familie Argnidae Hudec, 1965
        * Familie Kornschnecken (Chondrinidae Steenberg, 1925)
        * Familie †Cylindrellinidae Zilch, 1959
        * Familie Lauriidae Steenberg, 1925
        * Familie Fässchenschnecken (Orculidae Pilsbry, 1918)
        * Familie Scheibenschnecken (Pleurodiscidae Wenz, 1923)
        * Familie Pyramidenschnecken (Pyramidulidae Kennard & Woodward, 1914)
        * Familie Spelaeoconchidae Wagner, 1928
        * Familie Spelaeodiscidae Steenberg, 1925
        * Familie Strobilopsidae Wenz, 1915
        * Familie Grasschnecken (Valloniidae Morse, 1864)
        * Familie Windelschnecken (Vertiginidae Fitzinger, 1833)
    * Überfamilie Clausilioidea Gray, 1855

- Familie Schließmundschnecken (Clausiliidae Gray, 1855)
- Familie †Anadromidae Wenz, 1940
- Familie †Filholidae Wenz, 1923
- Familie †Palaeostoidae Nordsieck, 1986
- Überfamilie Orthalicoidea Albers-Martens, 1860

  - Familie Orthalicidae Albers-Martens, 1860
  - Familie Cerionidae Pilsbry, 1901
  - Familie Coelociontidae Iredale, 1937
  - Familie †Grangerellidae Russell, 1931
  - Familie Megaspiridae Pilsbry, 1904
  - Familie Placostylidae Pilsbry, 1946
  - Familie Urocoptidae Pilsbry, 1898
- Überfamilie Achatinoidea Swainson, 1840

  - Familie Afrikanische Riesenschnecken Achatinidae Swainson, 1840
  - Familie Bodenschnecken (Cecilioididae Mörch, 1864 oder Ferussaciidae Bourguignat, 1883)
  - Familie Micractaeonidae Schileyko, 1999
  - Familie Ahlenschnecken (Subulinidae Fischer & Crosse, 1877)
- Überfamilie Aillyoidea Baker, 1960

  - Familie Aillyidae Baker, 1960
- Überfamilie Testacelloidea Gray, 1840

  - Familie Rucksackschnecken (Testacellidae Gray, 1840)
  - Familie Raubschnecken (Oleacinidae H. & A. Adams, 1855)
  - Familie Spiraxidae Baker, 1939
- Überfamilie Papillodermatoidea Wiktor, Martin & Castillejo, 1990

  - Familie Papillodermatidae Wiktor, Martin & Castillejo, 1990
- Überfamilie Streptaxoidea J.E. Gray, 1806

  - Familie Streptaxidae J.E. Gray, 1806
- Überfamilie Rhytidoidea Pilsbry, 1893

  - Familie Rhytididae Pilsbry, 1893
  - Familie Chlamydephoridae Cockerell, 1935
  - Familie Haplotrematidae Baker, 1925
  - Familie Scolodontidae Baker, 1925
- Überfamilie Acavoidea Pilsbry, 1895

  - Familie Acavidae Pilsbry, 1895
  - Familie Caryodidae Connolly, 1915
  - Familie Dorcasiidae Connolly, 1915
  - Familie Macrocyclidae Thiele, 1926
  - Familie Megomphicidae Baker, 1930
  - Familie Strophocheilidae Pilsbry, 1902
- Überfamilie Plectopyloidea Moellendorf, 1900

  - Familie Plectopylidae Moellendorf, 1900
  - Familie Corillidae Pilsbry, 1905
  - Familie Sculptariidae Degner, 1923
- Überfamilie Punctoidea Morse, 1864

  - Familie Punktschnecken (Punctidae Morse, 1864)

- Familie †Anastomopsidae Nordsieck, 1986
- Familie Charopidae Hutton, 1884
- Familie Cystopeltidae Cockerell, 1891
- Familie Schüsselschnecken (Patulidae Tryon, 1866 = Discidae Thiele, 1931)
- Familie Endodontidae Pilsbry, 1895
- Familie Helicodiscidae Baker, 1927
- Familie Oreohelicidae Pilsbry, 1939
- Familie Thyrophorellidae Girard, 1895
- Überfamilie Sagdoidea Pilsbry, 1895
  - Familie Sagdidae Pilsbry, 1895
- Überfamilie Helicoidea Rafinesque, 1815
  - Familie Schnirkelschnecken (Helicidae Rafinesque, 1815)
  - Familie Strauchschnecken (Bradybaenidae Pilsbry, 1934)
  - Familie Camaenidae Pilsbry, 1895
  - Familie Cepolidae Ihering, 1909 (Name ist ungültig)
  - Familie Cochlicellidae Schileyko, 1972
  - Familie Elonidae Gittenberger, 1977
  - Familie Epiphragmophoridae Hoffmann, 1928
  - Familie Halolimnohelicidae Nordsieck, 1986
  - Familie Riemenschnecken (Helicodontidae Kobelt, 1904)
  - Familie Helminthoglyptidae Pilsbry, 1939
  - Familie Humboldtianidae Pilsbry, 1939
  - Familie Laubschnecken (Hygromiidae Tryon, 1866)
    - Unterfamilie Heideschnecken (Helicellinae Ihering, 1909)
  - Familie Monadeniidae Nordsieck, 1987
  - Familie Pleurodontidae Ihering, 1912
  - Familie Polygyridae Pilsbry, 1894
  - Familie Sphincterochilidae Zilch, 1960
  - Familie Thysanophoridae Nordsieck, 1987
  - Familie Xanthonychidae Strebel & Pfeffer, 1879
- "Limacoid clade" ("Nacktschnecken")
  - Überfamilie Staffordioidea Thiele, 1931
    - Familie Staffordiidae Thiele, 1931
  - Überfamilie Dyakioidea Gude & Woodward, 1921
    - Familie Dyakiidae Gude & Woodward, 1921
  - Überfamilie Gastrodontoidea Tryon, 1866
    - Familie Daudebardien (Daudebardiidae, Kobelt, 1906)
    - Familie Dolchschnecken (Gastrodontidae Tryon, 1866)
    - Familie Chronidae Thiele, 1931
    - Familie Kegelchen (Euconulidae Baker, 1928)
    - Familie Glanzschnecken (Oxychilidae Hesse, 1927)
    - Familie Kristallschnecken (Pristilomatidae Cockerell, 1891)
    - Familie Trochomorphidae Möllendorf, 1890
  - Überfamilie Parmacelloidea Fischer, 1856
    - Familie Mantelschnegel Parmacellidae Fischer, 1856
    - Familie Kielschnegel (Milacidae Ellis, 1926)

- Familie Trigonochlamydidae Hesse, 1882
- Überfamilie Zonitoidea Mörch, 1864

  - Familie Riesenglanzschnecken (Zonitidae Mörch, 1864)
- Überfamilie Helicarionoidea Bourguignat, 1877

  - Familie Helicarionidae Bourguignat, 1877
  - Familie Ariophantidae Godwin-Austen, 1888
  - Familie Urocyclidae Simroth, 1889
- Überfamilie Limacoidea Rafinesque-Schmaltz, 1815

  - Familie Egelschnecken (Limacidae Rafinesque-Schmaltz, 1815)
  - Familie Ackerschnecken (Agriolimacidae Wagner, 1935)
  - Familie Wurmschnegel (Boettgerillidae van Goethem, 1972)
  - Familie Glasschnecken (Vitrinidae Fitzinger, 1833)
- Überfamilie Arionoidea Gray, 1840

  - Familie Wegschnecken (Arionidae Gray, 1840)
  - Familie Anadenidae Pilsbry, 1948
  - Familie Ariolimacidae Pilsbry & Vanatta, 1898
  - Familie Binneyidae Cockerell, 1891
  - Familie Oopeltidae Cockerell, 1891
  - Familie Philomycidae Gray, 1847

Einzelnachweise

[1] Noel Morris & John Taylor: Global events and biotic interactions as controls on the evolution of gastropods. In: Stephen J. Culver, Peter F. Rawson: *Biotic response to global change: The last 145 million years.* Cambridge University Press (2000)

[2] M.J. Benton (Hrsg.): *The Fossil Record 2.* Chapman & Hall, London 1993.

Literatur

- Philippe Bouchet & Jean-Pierre Rocroi: *Part 2. Working classification of the Gastropoda.* Malacologia, 47: 239-283, Ann Arbor 2005 ISSN 0076-2997 (http://dispatch.opac.d-nb.de/DB=1.1/CMD?ACT=SRCHA& IKT=8&TRM=0076-2997)
- Christopher M. Wade, Peter B. Mordan und Fred Naggs: *Evolutionary relationships among the Pulmonate land snails and slugs (Pulmonata, Stylommatophora).* Biological Journal of the Linnean Society, 87: 593-610, Oxford 2006 ISSN 0024-4066 (http://dispatch.opac.d-nb.de/DB=1.1/CMD?ACT=SRCHA&IKT=8& TRM=0024-4066)
- Wilfried Westheide und Reinhard Rieger (Hrsg.): *Spezielle Zoologie*, Band 1. Spektrum Akademischer Verlag 2003. ISBN 3-8274-1482-2

Weblinks

- TU Darmstadt [[PDF (http://www.bio.tu-darmstadt.de/students/cevennes/pdfs/Mollusca2.pdf)]-Datei] (2,11 MB)

Schneckenhaus

Als **Schneckenhaus** oder **Gehäuse** wird die spiralförmig gewundene kalkige Schale der Schnecken bezeichnet. Es ist mit zwei Muskeln mit dem Körper der Schnecke verbunden und dient dem Schutz des Weichtierkörpers vor Fressfeinden und Verletzungen.

Evolution der Schneckengehäuse

Das Schneckengehäuse entstand im Verlaufe eines langen, bereits im Kambrium einsetzenden evolutionären Prozesses aus Kalkstacheln und Schalenplatten früher Weichtiere. Die sich daraus gebildete Schale ist allen Angehörigen der Conchifera eigen. Im Unterschied zu den Schalen der Muscheln (Bivalvia), Kahnfüßer (Scaphopoda) und Kopffüßer (Cephalopoda) ist die Schale der Schnecken, bei aller Verschiedenheit in der Gestalt und mancherlei äußeren Ähnlichkeiten zu Schalen dieser Weichtiergruppen, jedoch stets spiralig gewunden.

Gehäuse der Gefleckten Schnirkelschnecke (*Arianta arbustorum*) von oben

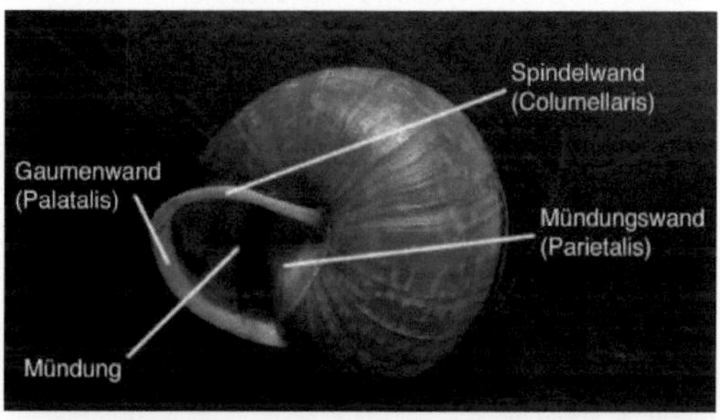

Gehäuse der Gefleckten Schnirkelschnecke (*Arianta arbustorum*) von unten

Bau und Form der Schale

Die Bezeichnung „Gewinde" umfasst das Protoconch und das Teleoconch bis einschließlich des vorletzten Umgangs. Der letzte Umgang mit der Mündung wird als Basis bezeichnet.

Protoconch

Die Schale entsteht im Embryonalstadium der Schnecke. Der in dieser Entwicklungsstufe angelegte Abschnitt der Schale bildet die Spitze (Apex) des Gehäuses, von dessen weiteren Verlauf es sich deutlich unterscheiden kann. Die Gestalt des Embryonalgewindes oder Protoconchs ist ein Merkmal, das bei der Artbestimmung (insbesondere in der Paläontologie, da so gut wie nie Weichteile erhalten sind) eine bedeutsame Rolle spielt. Dieser Teil des Gehäuses ist meist glatt, kann aber auch skulptiert sein.

Das Protoconch kann sein:

- orthostroph (auch homöostroph) = das Embryonalgewinde hat den gleichen Windungssinn wie das Teleoconch (der häufigste Fall)
- heterostroph = mit entgegengesetztem Windungssinn (weitaus seltener)
- alliostroph = Das Embryonalgewinde verläuft im Verhältnis zum Teleoconch versetzt in einem Winkel von bis 90° (in diesem Fall „liegt" es quasi auf dem übrigen Gewinde)
- paucispiral = mit 1 bis 2 Umgängen
- multispiral = mit drei oder mehr Umgängen.

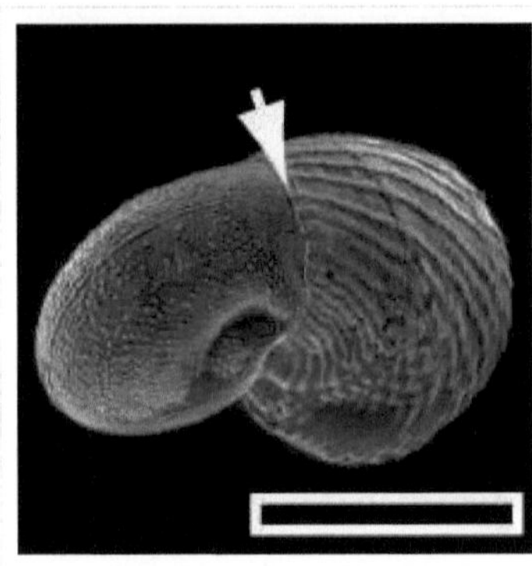

REM-Bild des Protoconchs der Schnecke *Haliotis asinina*. Die Skala entspricht 100 µm. Der weiße Pfeil markiert den Übergang vom (embryonalen) Protoconch zur juvenilen Schalenabschnitt der Schnecke.

Teleoconch

Der auf das Protoconch folgende Abschnitt, der den weitaus größten Teil des Gehäuses einnimmt, wird als Teleoconch bezeichnet. Die Anwachsstreifen und andere die Skulptur prägende Merkmale des Teleoconchs treten meist artspezifisch in sehr variantenreichen Formen auf. Siehe hierzu die Erläuterungen in den betreffenden Abschnitten weiter unten.

Innerer Aufbau der Schale

Die Schneckenschale ist mehrschichtig aufgebaut. Von innen nach außen tragen die Schichten die Bezeichnungen: Hypostracum, Ostracum und Periostracum. Die beiden erstgenannten Schichten bestehen aus Aragonit, einem Kalkmaterial ($CaCO_3$). Sie bilden das stabile „Grundgerüst" der Schale. Das Periostracum hingegen, das auch als Schalenhaut bezeichnet werden kann, besteht aus einem komplexen Protein, dem so genannten Conchiolin (auch Conchin genannt). Diese organische äußere Schutzschicht der Schale kann bei adulten Schnecken nicht erneuert werden, da die an der Mündung sitzenden Drüsen, in denen das Conchiolin produziert wird, nur während des Wachstums der Schneckenschale arbeiten. Gleichwohl können Schnecken Verletzungen ihrer Schale von innen heraus mit Hilfe Kalk abscheidender Drüsenzellen reparieren, die „Reparaturstelle" weist jedoch aufgrund des Fehlens des Periostracum eine zumeist deutlich sichtbare gröbere Oberflächenstruktur auf.

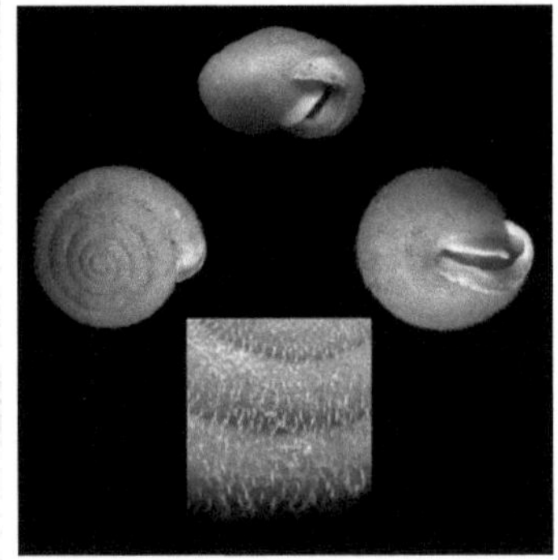

Schale der landlebenden Schnecke *Stenotrema florida*. Das Periostracum dieser Art ist mit winzigen Härchen bedeckt

Wenn an der Innenseite der Schale dünne Aragonit-Plättchen abgelegt sind, kann diese innere Schalenschicht (das Hypostracum) durch Lichtbrechung schillernde Effekte hervorrufen. Dieser als Perlmutt bekannte Teil der Schale tritt bei einigen Süß- und Salzwasserschnecken auf, insbesondere bei den Seeohren (*Haliotis*).

Die Spiralform der Schale

Die Schneckenschale verläuft vom Apex bis Mündung um die eigne Achse, die als Spindel (Columella) bezeichnet wird, wenn die Umgänge sich berühren. Anderenfalls entsteht ein trichterförmiger Hohlraum, der Nabel (Umbilicus). Der Grund für die Entstehung dieser spiralförmigen Schalengestalt ist in der Ontogenese der Schnecken zu suchen: Eine Seite des Eingeweidesacks wächst schneller als die andere, wodurch eine Drehbewegung auftritt, die wiederum die Spiralform und die Windungsrichtung der Schale determiniert. Dieser Vorgang wird als Torsion bezeichnet.

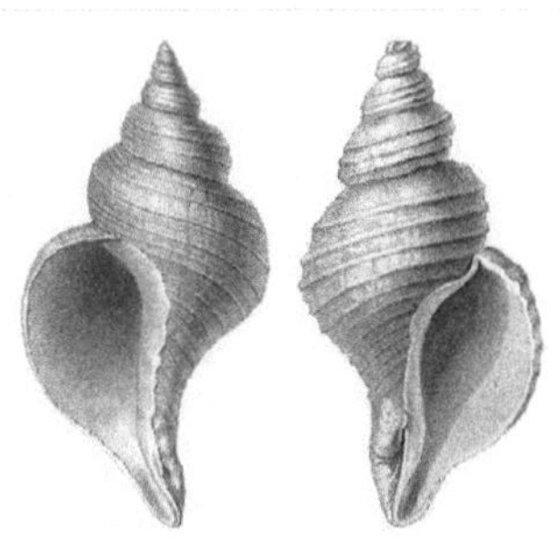

Schalen von zwei verschiedenen Meeresschneckenarten: Links eine linksgewundene Schale *Neptunea angulata*, rechts eine rechtsgewundene Schale *Neptunea despecta*

Die Schale der Schnecken kann – zumeist aber nicht immer artspezifisch - rechtsgewunden (dextral), wie bei den weitaus meisten Schneckenarten oder linksgewunden (sinistral) sein. Wenn beim aufrecht (mit dem Apex nach oben) stehenden Gehäuse die dem Betrachter zugewandte Mündung links liegt, heißt es *linksgewunden*, im umgekehrten Falle *rechtsgewunden*. Linksgewundene Weinbergschnecken werden im Volksmund als Schneckenkönige bezeichnet.

Weitere Schalenmerkmale

Größe, Form und Musterung der Schale sind oft artspezifisch und mithin bei der Bestimmung von Bedeutung.

Größe

Aquatisch lebende Schnecken bringen infolge des Auftriebs im Wasser tendenziell größere Formen hervor als Landbewohner. Insbesondere unter den Meeresschnecken kommen sehr große Arten mit zum Teil sehr schweren Gehäusen vor, wie beispielsweise die im Meeresgebiet zwischen Indonesien und Australien vorkommende bis 1 m Gehäusehöhe erreichende Große Rüsselschnecke (*Syrinx aruanus*). Andererseits sind unter den rezenten Schnecken Formen anzutreffen, deren Gehäusegröße deutlich unterhalb eines Millimeters liegt (z.B. die Angehörigen der Familie Omalogyridae).

Skulptierung

Die Oberfläche der Schale weist eine mehr oder minder deutliche Skulptur auf, deren Merkmale sehr unterschiedlich stark ausgeprägt sein können.

Sie besteht im einfachsten Fall aus Anwachsstreifen, die in der Wachstumsphase entstehen. Der Verlauf dieser Anwachsstreifen auf dem Gehäuse wird wie folgt beschrieben (Sichtweise jeweils auf das aufrecht stehende, also mit dem Apex nach oben zeigende Gehäuse mit Blick auf die Mündung - wie bei der nebenstehend abgebildeten *Semicassis granulata*):

- orthoclin = geradlinig von oben nach unten,
- prosoklin = leicht bogenförmig von links oben nach rechts unten,
- opistoklin = leicht bogenförmig von oben rechts nach unten links,
- prosocyrt = bumerangförmig mit der Ausbuchtung nach links,
- opistocyrt = bumerangförmig mit der Ausbuchtung nach rechts.

Eine schlichte Varix (links im Bild) auf der Schale der Schnecke *Semicassis granulata*; Anwachsstreifen orthoclin

Ein anatomisches Merkmal, das mit den Anwachsstreifen eng zusammenhängt, sind die so genannten Varices (Sing.: Varix). Dabei handelt es sich um verdickte axiale Rippen, die gewöhnlich in gleichmäßigen Intervallen auf den Umgängen auftreten und als eine Verdickung der Außenlippe während eines Ruhezustands im Wachstum der Schnecke ausgebildet worden sind. Daran ist erkennbar, dass das Wachstum der Schnecke in Schüben stattgefunden hat (sh. nebenstehende Abbildung).

Neben Anwachsstreifen und Varices können Ritzen, Furchen, Streifen, Kiele, Rippen, Knoten, Stacheln und Wülste auf der Schalenoberfläche auftreten. Verlaufen solche Merkmale parallel zur Sutur werden sie als Spiralverzierung bezeichnet. Sehr feine Linien oder Furchen werden Lirae (Sing.: Lira) genannt. Sofern die Schalenverzierungen schräg oder senkrecht (also rechtwinklig zur Sutur) angeordnet sind, spricht man von Querverzierung.

Die Mündung

Die Mündung bildet den Abschluss des letzten Umgangs (Körperumgang, Basis). Der Einfachheit halber wird im Folgenden der Mündungsrand in drei Bereiche gegliedert:

- Die Parietalis (Mündungswand): Dieser Bereich liegt unmittelbar unter dem vorletzten Umlauf der Schale (also oben im Mündungsrand)
- Die Columellaris (Spindelwand): Der Bereich nahe der Columella (Spindel)
- Die Palatalis (Gaumenwand): Der nach außen weisende Abschnitt des Mündungsrandes.

Spindelwand und Mündungswand können unten aufeinander zulaufen und einen Kanal bilden, der bei einigen Arten recht weit ausgezogen ist. Dieser Kanal wird auch als Siphonalrinne oder Ausguss bezeichnet. Der rückwärtige (äußere) Teil des Ausgusses ist der Stiel (auch Schild genannt). Auf dem Spindelrand können sich kleine Wülste befinden, die als Spindelfalten oder Spindelzähne bezeichnet werden.

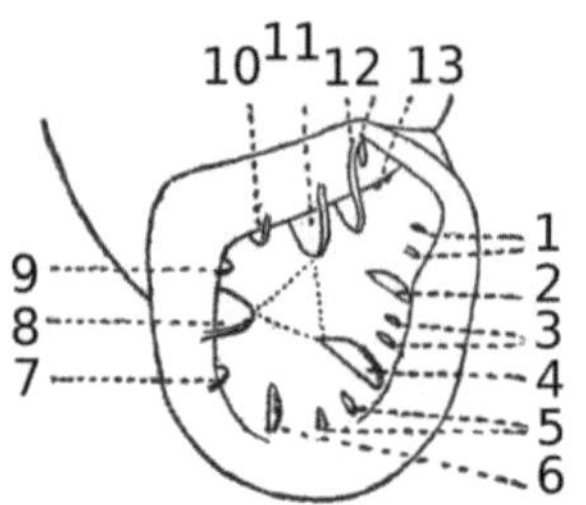

Zähne der Mündung: 1-6 Falten oder Plicae: 1 = basal, 2 = infrapalatal, 3 = untere palatale Falte, 4 = interpalatal, 5 = obere palatale Falte, 6 = suprapalatal; 7-9 Lamellen: 7= infracolumellar, 8 = columellar, 9 = supracolumellar; 10-13 Lamellen: 10 = infraparietal, 11 = parietal, 12 = angular Zwilling, 13 = parallel[1]

Spindelfalten können sich auch im inneren des Gehäuses, bei intakter Schale also äußerlich nicht sichtbar, auf der Spindel befinden.

Schalendeckel

Mit Hilfe eines Schalendeckels können Schnecken die Mündung ihrer Schale verschließen. Bei den Vorderkiemerschnecken handelt es sich um das so genannte Operculum, das am Fußende der Schnecke angewachsen ist. Andere Deckelformen sind das Epiphragma (hauptsächlich von der Weinbergschnecke bekannt), das temporär zum Zwecke des Schutzes gegen Frost und Austrocknung aus einem körpereigenen Sekret gebildet wird sowie das Clausilium der Schließmundschnecken (Clausiliidae), das mit der Schale fest verbunden ist, nicht aber mit dem Weichkörper. Lediglich diese letztgenannte Form des Schalendeckels kann als Teil der Schneckenschale angesehen werden.

Quellen

[1] Pilsbry H. A. & Cooke C. M. 1918-1920. *Manual of Conchology. Second series: Pulmonata. Volume 25. Pupillidae (Gastrocoptinae, Vertigininae)* (http://www.archive.org/details/manualofconcholo25tryorich). *Philadelphia. page vii.* (http://www.us.archive.org/GnuBook/?id=manualofconcholo25tryorich#12)

Literatur

* Paul Brohmer: *Fauna von Deutschland.* 15. Auflage, Heidelberg 1982, ISBN 3-494-00043-3
* Andreas E. Richter: Handbuch des Fossiliensammlers. Stuttgart 1991. ISBN 3440050041
* Arno Hermann Müller: Lehrbuch der Paläozoologie, Band II, Teil 2, Jena 1981.

Weblinks

* Die Schale der Schnecken (http://www.weichtiere.at/Schnecken/morphologie/schale.html)

Lungenschnecken

<table>
<tr><td align="center">Lungenschnecken</td></tr>
</table>

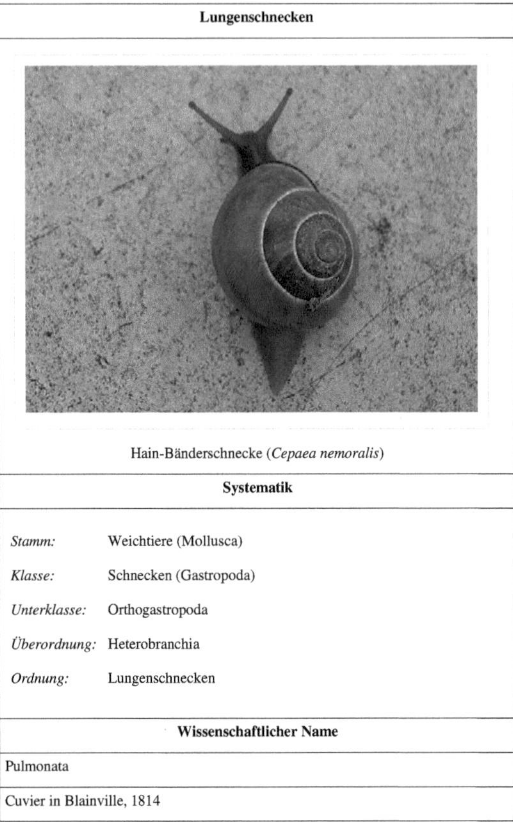

Hain-Bänderschnecke (*Cepaea nemoralis*)

Systematik

Stamm:	Weichtiere (Mollusca)
Klasse:	Schnecken (Gastropoda)
Unterklasse:	Orthogastropoda
Überordnung:	Heterobranchia
Ordnung:	Lungenschnecken

Wissenschaftlicher Name

Pulmonata

Cuvier in Blainville, 1814

Die **Lungenschnecken** (Pulmonata) sind eine formenreiche Gruppe der Schnecken (Gastropoda) und werden traditionell als Ordnung bezeichnet. Als einzige Vertreter der Weichtiere haben sie das Festland besiedelt, kommen aber auch im Süßwasser und teilweise auch im Meer vor. Bei den Landformen dient die Mantelhöhle der Luftatmung, woraus sich die Bezeichnung Lungenschnecken ableitet.

Lungenschnecken repräsentieren nach heutiger Erkenntnis kein natürliches Taxon, sondern eine paraphyletische Gruppe, weil sie nicht alle Nachkommen ihres letzten gemeinsamen Vorfahren enthalten. Sie werden daher in phylogenetisch-systematischen Darstellungen als Gruppe bezeichnet und/oder in Anführungszeichen geschrieben („Pulmonata", „Lungenschnecken i.w.S."). Ein echtes monophyletisches Taxon bilden nach heutiger Erkenntnis allerdings die **Eupulmonata** (Lungenschnecken i.e.S.), die im Wesentlichen die bisher als „Landlungenschnecken" bezeichneten Taxa zusammenfasst.

Merkmale

Die Lungenschnecken besitzen die im Bauplan der Schnecken angelegten Kiemen nicht mehr, doch haben zahlreiche Wasserbewohner sekundäre Kiemen entwickelt. An der gefäßreichen Decke der der Atmung dienenden Mantelhöhle befindet sich eine sich regelmäßig öffnende und schließende Öffnung (Pneumostom), die in einen Hohlraum führt. Infolge seiner Funktion als Atmungsorgan wird er auch als Lunge bezeichnet und war namengebend für die Gruppe. Viele aquatische Lungenschnecken brauchen aber nicht an die Wasseroberfläche zu steigen, um Luft in die Mantelhöhle zu pumpen, sondern können den Gasstoffwechsel direkt über die Wasserphase vornehmen.

Zum Grundmuster der Merkmale der Lungenschnecken gehört ein Gehäuse, in das sich das Tier völlig zurückziehen kann. Ein Operkulum zum Verschließen des Gehäuses ist jedoch in der Evolutionslinie zu den Lungenschnecken verloren gegangen. Das Gehäuse ist in einigen Gruppen so stark verkleinert worden, dass sich das Tier nicht mehr ganz in das Gehäuse zurückziehen kann. Teilweise fehlt das Gehäuse äußerlich völlig. Bei einigen Gruppen der sog. „Nacktschnecken" ist im Mantel nur noch ein kleines Kalkplättchen erhalten, das als Kalkspeicher dient. Das Gehäuse der Lungenschnecken ist im Grundmuster spiralig aufgerollt und besteht aus drei Schichten: einer äußeren organischen Schicht (Periostrakum), einer mittleren aragonitischen Prismenschicht und einer inneren aragonitischen Kreuzlamellenschicht. Die Schale wird von Drüsen am Mantelrand gebildet. Ein (geringes) Dickenwachstum und die Reparatur der Schale kann fast an der gesamten Manteloberfläche stattfinden. Die zum Grundmuster der Schnecken gehörende Torsion (Verdrehung des Weichkörpers) ist bei einigen Nacktschneckengruppen konvergent wieder rückgängig gemacht worden („Detorsion").

Fortpflanzungsbiologie

Lungenschnecken sind Zwitter, die sich wechselweise befruchten. Bei manchen Arten treten (in unterschiedlichem Ausmaße) auch Selbstbefruchtungen auf. Lungenschnecken legen bis zu mehrere hundert dotterreiche oder eiklarreiche Eier ab, aus denen nach einigen Wochen die jungen Schnecken schlüpfen. Die Entwicklung ist direkt, also ohne Larvenstadium.

Lebensweise

Die Lungenschnecken haben sich mit der Landoberfläche einen Lebensraum erschlossen, der anderen Weichtieren verschlossen blieb. Sie kommen im Intertidalbereich, in Natur- und Kulturlandschaften und sogar in menschlichen Behausungen vom Flachland bis ins Hochgebirge in 6000 m Höhe vor. Einige Arten leben überwiegend im Boden. Sogar in die Trockengebiete und Wüsten der Erde sind sie vorgedrungen. Sehr erfolgreich besiedeln sie auch die limnischen Ökosysteme, teilweise auch Brackwasser und Meer.

Lungenschnecken als Schädlinge

Im Vergleich mit anderen Schneckengruppen befinden sich unter den Lungenschnecken relativ viele Arten, die vom menschlichen Standpunkt aus als Schädlinge bezeichnet werden können oder als Krankheitsüberträger fungieren. Dies liegt natürlich an der terrestrischen und limnischen Lebensweise der meisten Arten der Lungenschnecken, die damit leicht in Kontakt mit Menschen und deren Nutzpflanzen kommen. Es muss aber betont werden, dass es in absoluten Zahlen ausgedrückt nur wenige Arten sind, die tatsächlich spürbare Schäden an Nutzpflanzen verursachen. Häufig wurden Arten erst dann problematisch, wenn sie aus ihrem ursprünglichen Lebensraum in anderen Regionen verschleppt wurden. Die ganz große Mehrzahl der Lungenschnecken sind harmlos und spielen eine wichtige Rolle im Ökosystem. Sie sollten auf keinen Fall bekämpft oder wahllos abgesammelt werden. Hier eine Zusammenstellung der wichtigsten Lungenschneckenarten, die Schäden verursachen können (nach Godan, 1999). Viele der aufgeführten Arten sind inzwischen weltweit verbreitet.

- *Deroceras reticulatum* (Müller), vor allem im Gemüseanbau (besonders Spargelkulturen), weltweit
- *Deroceras laeve* (Müller), siehe *D. reticulatum*

- *Lehmannia valentiana* (Férussac), lokal in Gewächshäusern
- *Milax budapestensis* (Hazay), sehr lokal im Gemüseanbau
- *Milax gagates* (Draparnaud), sehr lokal im Gemüseanbau
- *Milax sowerbyi* (Férussac), Gemüseanbau, auch Wurzelfraas
- *Ariolimax columbianus* (Gould), vor allem in Küstenwäldern des amerikanischen Westens
- Spanische Wegschnecke (*Arion lusitanicus* Mabille), vor allem in Europa auf Kulturland allgemein
- *Achatina fulica* (Bowdich), in den Tropen auf Bananen, Baumwolle, Kaffeesträuchern etc.
- *Helix aspersa* Müller, als Neozoon in den USA und Israel in Zitrusplantagen
- *Helix aperta* (Born), im Garten
- *Theba pisana* (Müller), in Israel in Zitrusplantagen
- *Cepaea nemoralis* (Linné), Garten, hauptsächlich auch Zierpflanzen
- *Galba truncatula* (Müller), Wasserkresseanbau (Belgien, Frankreich)
- *Galba glabra* (Müller), Wasserkresseanbau (Belgien, Frankreich)
- *Galba palustris* (Müller), Wasserkresseanbau (Belgien, Frankreich)

Lungenschnecken als Krankheitsüberträger

In den Ländern der Tropen werden verschiedene Arten von Lungenschnecken (z. B. *Bulinus* und *Biomphalaria*) als Zwischenwirte des Pärchenegels *Schistosoma* (verschiedene Arten) bekämpft, der die Schistosomiasis auslösen kann. Bei einigen Arten von *Schistosoma* ist der Mensch der Hauptwirt, bei anderen Arten Weidetiere, Geflügel und Haustiere. Verschiedene Arten der Lymnaeidae sind Zwischenwirte für den Großen Leberegel (*Fasciola hepatica*), der im Endwirt (Säugetiere) die Fasziolose auslösen kann. Einige Lungenwürmer benötigen als Zwischenwirte Schnecken, meistens Lungenschnecken. Lungenschnecken spielen aber auch als Überträger von Pflanzenkrankheiten eine große Rolle. Der Tabakmosaikvirus kann von *Deroceras reticulatum* übertragen werden. Diese Art kann auch das Bakterium *Corynebacterium insidiosum* übertragen, das Luzerne schädigt. Das Bakterium *Pectobacterium carotovorum* verursacht das Verrotten von verschiedenen Kreuzblütengewächsen. Pilzsporen werden sehr häufig von Lungenschnecken übertragen.

Artenzahl

Die Angaben über die Artenzahl der Lungenschnecken ist stark variabel. Dies hängt mit der vielfach umstrittenen Aufteilung der oft formenreichen Gruppen in jeweils mehr oder weniger Arten zusammen. Es werden Gesamtzahlen von gut 16.000 bis über 30.000 Arten genannt. Die überwiegende Artenzahl lebt auf dem trockenen Festland. Manche Gruppen leben auch im Süßwasser, einige im Brackwasser und im Meer. Die Gefährdungssituation ist unterschiedlich; besonders gefährdet gelten viele Süßwasserarten, von denen auch viele schon ausgestorben sind.

Systematik

Die Gruppe der Lungenschnecken wurde lange Zeit als monophyletisches Taxon betrachtet. Wichtige Grundlage waren gewisse morphologische Eigenheiten, wie die sogenannte streptoneure Innervation der Kopftentakel und das Fehlen eines Rhinophor-Nerven. Neben verfeinerten morphologischen Analysen sind es aber insbesondere eine rasch gewachsene Zahl an molekulargenetischen Untersuchungen, die gezeigt haben, dass die "Lungenschnecken" eine paraphyletische Gruppe darstellen.[1] [2] [3]

Die folgende orientierende Zusammenstellung folgt dem Prinzip nach der Einteilung von Bouchet & Rocroi (2005). Bei diesen Autoren sind die „Lungenschnecken" als Gruppe („informal group"), nicht als Ordnung bezeichnet. Ebenso haben diese Autoren in ihrer Klassifikation auf alle Kategorienbezeichnungen oberhalb der Überfamilie verzichtet. Auch die „Basommatophora" bilden lediglich eine solche (paraphyletische) Gruppe. Monophyletische Taxa sind aber auch nach neuesten Befunden die Eupulmonata und auch die Stylommatophora.

Einzelnachweise

[1] Philippe Bouchet, Jean-Pierre Rocroi: *Part 2. Working classification of the Gastropoda.* In: Malacologia, 47: 239-283, Ann Arbor 2005 ISSN 0076-2997

[2] Klussmann-Kolb, A., Dinapoli, A., Kuhn, K., Streit, B., Albrecht, C.: From sea to land and beyond – New insights into the evolution of euthyneuran Gastropoda (Mollusca). BMC Evolutionary Biology 2008, 8:57. doi 10.1186/1471-2148-8-57 (2008)

[3] Christina Grande, José Templado, Rafael Zardoya: Evolution of gastropod mitochondrial genome arrangements. BMC Evolutionary Biology 8:61 doi: 10.1186/1471-2148-8-61 (2008)

Literatur

- Winston Ponder & David Lindberg: *Towards a phylogeny of gastropod molluscs; an analysis using morphological characters.* In: *Zoological Journal of the Linnean Society.* 119: 83-265, London 1997 ISSN 0024-4082 (http://dispatch.opac.d-nb.de/DB=1.1/CMD?ACT=SRCHA&IKT=8&TRM=0024-4082)
- Dora Godan: *Molluscs Their significance for Science, Medicine, Commerce and Culture.* 203 S., Parey Buchverlag Berlin 1999 ISBN 3-8263-3228-8
- Christopher M. Wade, Peter B. Mordan und Fred Naggs: *Evolutionary relationships among the Pulmonate land snails and slugs (Pulmonata, Stylommatophora).* In: Biological Journal of the Linnean Society, 87: 593-610, Oxford 2006 ISSN 0024-4066 (http://dispatch.opac.d-nb.de/DB=1.1/CMD?ACT=SRCHA&IKT=8&TRM=0024-4066)

Weblinks

- Überblick über das taxonomische System der Gastropoda nach Bouchet & Rocroi (2005) auf der englischsprachigen Wikipedia (http://en.wikipedia.org/wiki/Taxonomy_of_the_Gastropoda_(Bouchet_&_Rocroi,_2005))
- Taxonomie der Pulmonata (benutzt noch das inzwischen überholte Konzept von Nordsieck aus dem Jahr 1986) (http://www.weichtiere.at/Schnecken/taxonomie/pulmonata.html)
- Palaeos (http://www.palaeos.com/Invertebrates/Molluscs/Pulmonata/Pulmonata.html)
- Molluscs of Central Europe (http://www.mollbase.de/list/index.php?aktion=zeige_taxon&id=199)
- Animal Diversity Web (http://animaldiversity.ummz.umich.edu/site/accounts/information/Pulmonata.html)

Ordnung_(Biologie)

Die **Ordnung** (lateinisch: *Ordo*) ist eine Rangstufe der biologischen Systematik. Sie dient zur Einteilung und Benennung der Lebewesen (Taxonomie).

Bezüglich der Hauptstufen steht die Ordnung zwischen Klasse und Familie. Zusätzlich kann unmittelbar oberhalb der Ordnung eine **Überordnung** (*superordo*) und unmittelbar unterhalb eine **Unterordnung** (*subordo*) sowie **Teilordnung** (*infraordo*) vorhanden sein.

In der Botanik leiten sich die wissenschaftlichen Ordnungsnamen von der Gattung der Typusart ab und enden auf *-ales* (zum Beispiel Asterales, abgeleitet von Aster). Die Endung führte John Lindley 1833 ein, durch George Bentham und William Jackson Hooker wurde sie 1862 etabliert.

Noch bei Carl von Linné (*„Ordines naturales"*) und Antoine-Laurent de Jussieu bezeichnete die Ordnung eine Rangstufe oberhalb der Gattung und entsprach eher der heutigen Familie. Nachdem sich der Gebrauch der Familie einbürgerte, wurde die Ordnung als nächsthöhere Rangstufe übernommen.

Zeitweise gab es alternative Rangstufenbezeichner wie *Nixus*, *Cohors* oder *Alliance*. Von besonderer Bedeutung war der bis 1959 insbesondere in der deutschsprachigen Botanik verwendete und von Adolf Engler eingeführte Begriff „Reihe". Diese Begriffe wurden zugunsten der Ordnung verworfen,[1] entsprechend beschriebene Taxa gelten jedoch als gültige Ordnungen.[2]

Bei den Pilzen ist die Ordnung oft die wesentlichste Darstellungsebene.[3]

Nachweise

- Gerhard Wagenitz: *Wörterbuch der Botanik*, 2. Auflage, 2003/2008, ISBN 3-937872-94-9, S. 226

Einzelnachweise

Die Informationen dieses Artikels entstammen zum größten Teil den unter Nachweise angegebenen Quellen, darüber hinaus werden folgende Quellen zitiert:

[1] *International Code of Botanical Nomenclature (Vienna Code)*, Art. 3, Online (http://www.ibot.sav.sk/icbn/no frames/0007Ch1Art003.htm)

[2] *International Code of Botanical Nomenclature (Vienna Code)*, Art. 17.2, Online (http://www.ibot.sav.sk/icbn/no frames/0021Ch3Sec1a017.htm)

[3] Heinrich Dörfelt, Gottfried Jetschke (Hrsg.): *Wörterbuch der Mycologie*. Springer, 2001, ISBN 3-8274-0920-9, S. 223.

rue:Ряд (біологія)

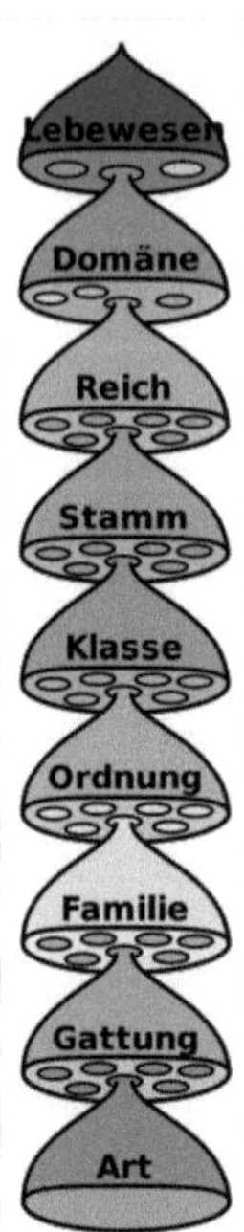

Stellung der Ordnung innerhalb der biologischen Klassifikation

Familie_(Biologie)

Die **Familie** (lat. *familia*) ist eine hierarchische Ebene der biologischen Systematik.

Sie steht in der Botanik zwischen den Hauptrangstufen Ordnung und Gattung. Direkt über der Familie kann die **Überfamilie** (lateinisch: **Superfamilia**) stehen, unter ihr die *Unterfamilie* (lateinisch: **Subfamilia**)[1] . In der Zoologie kommt zur speziellen Familien-Rangstufe noch die aus weiteren Rangstufen bestehende Familien-Gruppe[2] .

In der Botanik endet die Familienbezeichnung im Grundsatz auf *-aceae* (zum Beispiel Korbblütler: *Asteraceae*, Liliengewächse *Liliaceae*) und leiten sich vom Gattungsnamen einer festgelegten Typusart ab (z. B. *Aster*, *Lilium*). Historisch waren jedoch auch Benennungen nach morphologischen Besonderheiten üblich. Artikel 18.5 des ICBN legt fest, dass acht abweichende Familiennamen als gültig publiziert anzusehen sind. Palmae/Arecaceae, Gramineae/Poaceae, Cruciferae/Brassicaceae, Leguminosae/Fabaceae, Guttiferae/Clusiaceae, Umbelliferae/Apiaceae, Labiatae/Lamiaceae und Compositae/Asteraceae. In allen anderen Fällen gilt ausschließlich der vom Typus abgeleitete und auf *-aceae* endende Name als gültig[3] .

Der Begriff geht auf Pierre Magnol zurück, der ihn 1689 in die Botanik einführte. Bei Linné und Antoine-Laurent de Jussieu kommt er nicht vor, den entsprechenden Rang nehmen dort die „*Ordines naturales*" (=„Natürliche Ordnungen") ein, erst später setzte sich die Familie durch[4] .

Literatur

[1] Internationaler Code der Botanischen Nomenklatur
[2] Internationaler Code der Zoologischen Nomenklatur
[3] Ann McNeil & R. K. Brummitt (2003). The usage of the alternative names of eight flowering plant families. Taxon, 52 (4): 853-856.
[4] Gerhard Wagenitz: *Wörterbuch der Botanik*, 2. Auflage, 2003/2008, ISBN 3-937872-94-9, S. 110

Stellung der Familie innerhalb der biologischen Klassifikation

rue:Родина (біологія)

Pupilloidea

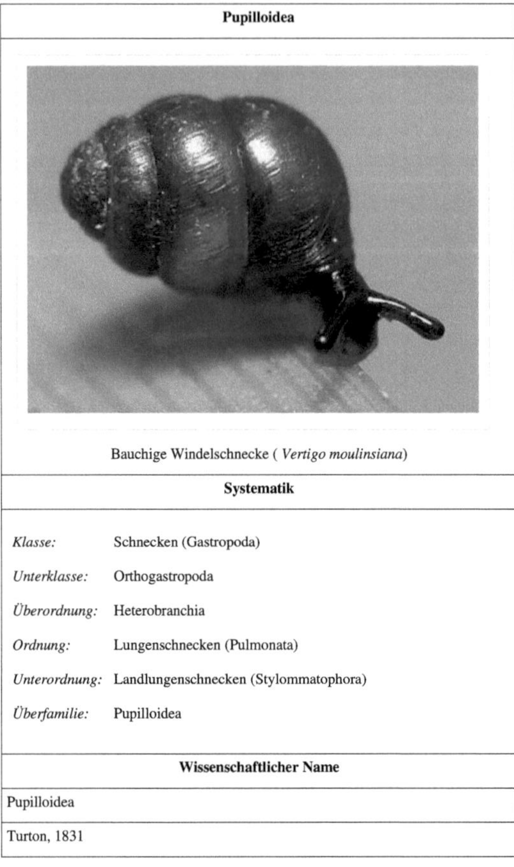

Pupilloidea

Bauchige Windelschnecke (*Vertigo moulinsiana*)

Systematik	
Klasse:	Schnecken (Gastropoda)
Unterklasse:	Orthogastropoda
Überordnung:	Heterobranchia
Ordnung:	Lungenschnecken (Pulmonata)
Unterordnung:	Landlungenschnecken (Stylommatophora)
Überfamilie:	Pupilloidea

Wissenschaftlicher Name
Pupilloidea
Turton, 1831

Die **Pupilloidea** sind eine große Überfamilie der Schnecken aus der Unterordnung der Landlungenschnecken (Stylommatophora).

Merkmale

Die Gehäuse sind meist klein bis sehr klein. Die Gehäuseform reicht von oval, zylindrisch, hochkonisch bis abgeflacht-konisch. Die Oberfläche der embryonalen Windungen ist glatt bis leich granuliert, die der postembryonalen Windungen meist mehr oder weniger radial skulptiert. Die Mündung kann bezahnt sein. Die Mündungsränder sind mehr oder weniger deutlich umgebogen und verbreitert. Im zwittrigen Genitalapparat ist ein Penis mit Epiphallus vorhanden. Ein Blindsack (*Caecum*) sitzt am basalen Epiphallus, auch ein Penis-Appendix ist vorhanden. Der Penisretraktor ist verzweigt, er setzt in der Nähe des Blindsackes an. Bei einigen Gruppen fehlt das untere Tentakelpaar.

Geographisches Vorkommen

Die Überfamilie ist weltweit verbreitet.

Systematik

Die Überfamilie Pupilloidea umfasst nach Bouchet & Rocroi (2005) 13 Unterfamilien. Dagegen scheidet Schileyko (1998) neben den Pupilloidea die Überfamilien Orculoidea, Vertiginoidea und Chondroidea aus, denen er die meisten, der hier aufgeführten Familien zuweist.

- Überfamilie Pupilloidea Turton, 1831

  - Familie Puppenschnecken (Pupillidae Turton, 1831) (Schileyko (1998) unterteilt die Familie in zwei Unterfamilie Pupillinae und Pupoidinae Iredale, 1940)
  - Familie Argnidae Hudec, 1965
  - Familie Kornschnecken (Chondrinidae Steenberg, 1925)
  - Familie †Cylindrellinidae Zilch, 1959
  - Familie Lauriidae Steenberg, 1925
  - Familie Fässchenschnecken (Orculidae Pilsbry, 1918

    - Unterfamilie Orculinae Pilsbry, 1918
    - Unterfamilie Odontocycladinae Hausdorf, 1996
  - Familie Scheibenschnecken (Pleurodiscidae Wenz, 1923)
  - Familie Pyramidenschnecken (Pyramidulidae Kennard & Woodward, 1914)
  - Familie Spelaeoconchidae Wagner, 1928
  - Familie Spelaeodiscidae Steenberg, 1925
  - Familie Strobilopsidae Wenz, 1915
  - Familie Grasschnecken (Valloniidae Morse, 1864)
  - Familie Windelschnecken (Vertiginidae Fitzinger, 1833

    - Unterfamilie Vertigininae Fitzinger, 1833

      - Tribus Vertiginini Fitzinger, 1833
      - Tribus Truncatellinini Steenberg, 1925
    - Unterfamilie Gastrocoptinae Pilsbry, 1918
    - Unterfamilie Nesopupinae Steenberg, 1925

Quellen

Literatur

- Philippe Bouchet & Jean-Pierre Rocroi: *Part 2. Working classification of the Gastropoda*. Malacologia, 47: 239-283, Ann Arbor 2005 ISSN 0076-2997 [1]
- Anatolij A. Schileyko: *Treatise on Recent terrestrial pulmonate molluscs, Part 1. Achatinellidae, Amastridae, Orculidae, Strobilopsidae, Spelaeodiscidae, Valloniidae, Cochlicopidae, Pupillidae, Chondrinidae, Pyramidulidae. Ruthenica, Supplement 2(1): 1-127, Moskau 1998 ISSN 0136-0027* [2]
- Anatolij A. Schileyko: *Treatise on Recent Terrestrial Pulmonate Molluscs. Part 2. Gastrocoptidae, Hypselostomatidae, Vertiginidae, Truncatellinidae, Pachnodidae, Enidae, Sagdidae*. Ruthenica, Supplement 2(2): 129-261, Moskau 1998 ISSN 0136-0027 [2]

Weblinks

- Pupilloidea bei zipcodezoo.com [3]
- Molluscs of Central Europe [4]

References

[1] http://dispatch.opac.d-nb.de/DB=1.1/CMD?ACT=SRCHA&IKT=8&TRM=0076-2997

[2] http://dispatch.opac.d-nb.de/DB=1.1/CMD?ACT=SRCHA&IKT=8&TRM=0136-0027

[3] http://zipcodezoo.com/Key/Animalia/Pupilloidea_Superfamily.asp

[4] http://www.mollbase.de/list/index.php?aktion=zeige_taxon&id=320

Vallonia_eiapopeia

Vallonia eiapopeia		
Zeitraum		
Turolium		
5 bis 9 Mio. Jahre		
Fundorte		
• China (Innere Mongolei)		
Systematik		
Ordnung:	Lungenschnecken (Pulmonata)	
Unterordnung:	Landlungenschnecken (Stylommatophora)	
Überfamilie:	Pupilloidea	
Familie:	Grasschnecken (Valloniidae)	
Gattung:	Vallonia	
Art:	Vallonia eiapopeia	
Wissenschaftlicher Name		
Vallonia eiapopeia		
Gerber, 1996		

Vallonia eiapopeia war eine landlebende Schneckenart aus der Familie der Grasschnecken (Valloniidae). Die Art wurde 1996 erstmals anhand von in China gefundenen fossilen Gehäusen aus dem Turolium (oberes Neogen) beschrieben. Zur Wahl des ungewöhnlichen Namens gab der Erstbeschreiber Jochen Gerber nie eine nähere Erklärung.

Merkmale

Die dünnwandigen Gehäuse sind klein und annähernd scheibenförmig, nur schwach erhebt sich der Apex über den letzten Umgang. Der Durchmesser beträgt 2 bis 2,2 mm, die Höhe variiert von 0,95 bis 1,1 mm. Der Protoconch umfasst 1⅛ bis 1¼ der gesamten 3⅛ bis 3¼ Umgänge. Diese sind durch tiefe bis sehr tiefe Nähte voneinander abgesetzt. Die Umgänge des Teleoconch weisen schmale Rippen auf, die im Querschnitt faden- bis keilförmig und mäßig dicht angeordnet sind, an verschiedenen Gehäusen können sie unterschiedlich scharf hervortreten. In jedem Zwischenraum der Rippen finden sich rund drei deutliche und ebenmäßige Anwachsstreifen.[1]

Die Umgänge nehmen bis zur Mündung mäßig rasch und gleichmäßig zu, im Querschnitt umgreifen sie einander nur wenig, allein der letzte Umgang ist entlang der in der Umgangsmitte liegenden Peripherie gleichmäßig gerundet. Der mäßig weite, runde und konzentrische Nabel nimmt nicht ganz ⅓ des maximalen Gehäusedurchmessers ein und nimmt bis zuletzt gleichmäßig zu. Der im Profil letzte Umgang verläuft anfangs meist horizontal, gelegentlich in gestreckter Linie schwach abwärts, zum Ende hin bzw. kurz vor der Mündung knickt er stark nach unten weg.[1]

Die stark gegen die Gehäuseachse gekippte Mündung ist in der Aufsicht fast kreisförmig. Die durch einen deutlich ausgeprägten, eingebuchteten Kallus verbundenen Insertionen sind einander stark genähert. Innen weist die Mündung eine ringförmige, abgesetzte, mäßig verdickte Lippe auf; zwischen ihr und dem Mundsaum verläuft üblicherweise eine seichte Furche. Der Mundsaum ist oben nur leicht erweitert, außen und vor allem unten deutlich und sehr rasch erweitert.[1]

Stratigraphie, geographische Verbreitung und Lebensraum

Vallonia eiapopeia wurde in der Zone MN 13 des Turolium gefunden; der Fund stammt von Ertemte, Bezirk Huade, Innere Mongolei (China).[2] Das Turolium wird heute mit dem oberen Teil der chronostratigraphischen Stufe des Messinium (oberes Miozän) und dem basalen Zancleum (unteres Pliozän) korreliert. Bisher sind nur fünf Exemplare gefunden worden, die alle von der Typlokalität und dem Stratum typicum stammen.

Dort fand sie sich vergesellschaftet mit der verwandten *Vallonia patens tralala*. Anhand zahlreicher ebenfalls gefundener Wirbeltierfossilien konnte ein Bild des Lebensraums gezeichnet werden. Danach handelte es sich um die Umgebung eines Süßwassersees mit einer diversen, hygrophilen Vegetation. Diese bestand aus teils hohen Bäumen, Buschwerk und einer üppigen krautigen Vegetationsschicht am Seeufer. Diese feuchte Uferlandschaft wiederum war von einer trockenen Steppenlandschaft umgeben. Ähnliche Habitate werden noch heute von anderen, nahe verwandten *Vallonia*-Arten (*Vallonia patens*, *Vallonia kamtschatica*, *Vallonia pulchellula*, *Vallonia tokunagai*) in feuchteren Regionen östlich und nordöstlich des Fundorts besiedelt.[1]

Systematik und Nomenklatur

Die Art wurde 1996 von Jochen Gerber im Rahmen seiner Revision der Gattung *Vallonia* erstbeschrieben. Der Erstbeschreibung lagen Aufsammlungen zugrunde, die von Volker Fahlbusch und Gerhard Storch 1980 an der Typlokalität gemacht wurden. Sie gilt als verwandt mit der ebenfalls obermiozänen, westpaläarktischen *Vallonia subcyclophorella*.[1]

Der Bezug des Artnamens zur Art ist unklar, ist aber hergeleitet vom deutschen „eiapopeia" als „bedeutungsloses Klangwort, welches besonders in Schlaf- und Wiegenliedern Verwendung findet". Im gleichen Text beschrieb Gerber noch weitere Arten mit solch ungewöhnlichen Namen, die sich allerdings nur Sprechern der Deutschen Sprache erschließen. [1]

Nachweise

[1] Jochen Gerber: *Revision der Gattung „Vallonia" Risso 1826 (Mollusca: Gastropoda: Valloniidae)*. In: *Schriften zur Malakozoologie* 8, S. 144–145

[2] Volker Fahlbusch, Zhuding Qiu und Gerhard Storch: *The Neogene mammalian faunas of Ertemte and Harr Obo in Nei Mongol, China. 1. Report on field work in 1980 and preliminary results*. Scientia Sinica, (B) 26: 205–224, Beijing 1983 ISSN 0253-5823 (http://dispatch.opac. d-nb.de/DB=1.1/CMD?ACT=SRCHA&IKT=8&TRM=0253-5823)

Stachelige_Streuschnecke

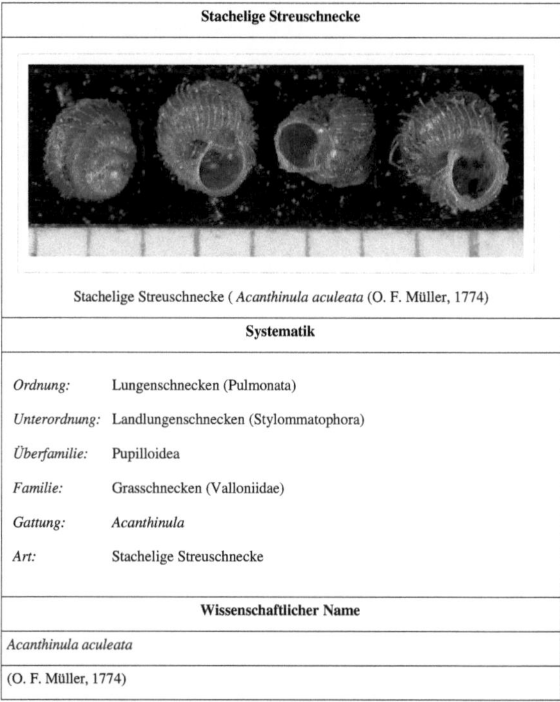

Stachelige Streuschnecke

Stachelige Streuschnecke (*Acanthinula aculeata* (O. F. Müller, 1774)

Systematik

Ordnung: Lungenschnecken (Pulmonata)

Unterordnung: Landlungenschnecken (Stylommatophora)

Überfamilie: Pupilloidea

Familie: Grasschnecken (Valloniidae)

Gattung: Acanthinula

Art: Stachelige Streuschnecke

Wissenschaftlicher Name

Acanthinula aculeata

(O. F. Müller, 1774)

Die **Stachelige Streuschnecke** (*Acanthinula aculeata*), auch einfach nur **Stachelschnecke** ist eine landlebende Schneckenart aus der Familie der Grasschnecken (Valloniidae); die Familie gehört zur Unterordnung der Landlungenschnecken (Stylommatophora).

Merkmale

Das Gehäuse ist kugelig mit niedrigkegeligem Apex. Es misst etwa 2 x 2 mm und hat vier Umgänge. Die Windungen sind gut gerundet, und der Nabel ist eng und tief. Die Oberfläche ist mit scharfen etwas schräg zur Windungsachse stehenden Rippen versehen, die in einigen flexiblen Dornen enden. Rippen und Dornen sind Auswüchse des organischen Periostracums und daher nur an frischen Exemplaren zu sehen. Bei verwitterten Exemplaren fehlen die scharfen Rippen und die Dornen; die Rippenansätze sind jedoch noch zu sehen. Oft ist die Oberfläche zur Tarnung auch mit Kotpillen beklebt. Die Mündung ist rundlich bis oval und der Mundsaum ist etwas verdickt.

Vorkommen, Lebensweise und Verbreitung

Die Stachelige Streuschnecke lebt in Wäldern, Gebüschen und Heckenreihen unter Laubstreu, seltener auch in offenen Habitaten oder am Fuß von Kalkfelsen unter Steinen. Die Art ist in ganz Europa bis nach Mittelrussland verbreitet. Im Norden reicht das Verbreitungsgebiet bis nach Nordskandinavien, im Süden bis Nordafrika.

Systematik

Jungbluth und von Knorre (2008) empfehlen die Verwendung des deutschen Trivialnamens Stachelschnecke für diese Art. Dieser Name ist sehr unglücklich gewählt, da es auch eine im Meer lebende Familie Stachelschnecken (Muricidae) gibt. Daher wird hier diesem Vorschlag nicht gefolgt und der in der deutschsprachigen Literatur ebenfalls weit verbreitete Trivialname Stachelige Streuschnecke benutzt[1] . *Acanthinula aculeata* ist die Typusart der Gattung *Acanthinula* Beck, 1847.

Einzelnachweise

[1] vgl. Fechter und Falkner, S.148

Literatur

* Rosina Fechter und Gerhard Falkner: *Weichtiere.* 287 S., Mosaik-Verlag, München 1990 (Steinbachs Naturführer 10) ISBN 3-570-03414-3
* Jürgen H. Jungbluth und Dietrich von Knorre: *Trivialnamen der Land- und Süßwassermollusken Deutschlands (Gastropoda et Bivalvia).* Mollusca, 26(1): 105-156, Dresden 2008 ISSN 1864-5127 (http://dispatch.opac.d-nb. de/DB=1.1/CMD?ACT=SRCHA&IKT=8&TRM=1864-5127) PDF (http://globiz.sachsen.de/snsd/ publikationen/mollusca-journal/mollusca_26-1-2008/08_Jungbluth.pdf)
* Michael P. Kerney, R. A. D. Cameron & Jürgen H. Jungbluth: *Die Landschnecken Nord- und Mitteleuropas.* 384 S., Paul Parey, Hamburg & Berlin 1983, ISBN 3-490-17918-8

Weblinks

* Mollbase (http://www.mollbase.de/sh/valloniidae/acanthinula_aculeata_atl.htm)
* Molluscs of Central Europe (http://www.mollbase.de/list/index.php?aktion=zeige_taxon&id=418)
* AnimalBase (http://www.animalbase.uni-goettingen.de/zooweb/servlet/AnimalBase/home/ species?id=1216)
* Fauna Europaea (http://www.faunaeur.org/full_results.php?id=431141)

Article Sources and Contributors

Bienenkörbchen *Source*: http://de.wikipedia.org/w/index.php?title=Bienenk%C3%B6rbchen *Contributors*: Aka, Engeser, Hydro

Schnecken *Source*: http://de.wikipedia.org/w/index.php?title=Schnecken *Contributors*: 0Mag10, 1000, 217125121169, A.Rhein, A.Savin, Accipiter, Aglarech, Aka, Alexander der grosse, Alf1958, Alpöhi, Andim, Andreas 06, Andy king50, Arne List, Asthma, Aths, Avoided, Axel.Mauruszat, BKSlink, Benzen, Berlicke-Berlocke, Bertrand, Birger Fricke, Bodhi-Baum, Bradypus, Bricktop1, Brotnael, Buchling, Bücherhexe, CayceP, Cepaea, Chrischan, Christopher, Claus Ableiter, CommonsDelinker, Conny, D, DF, Dapete, DasBee, Denis Barthel, Der Wolf im Wald, DerHexer, Diba, Don Quichote, Don Vincenzo, Eckhart Wörner, Einmaliger, Engeser, Engie, Esskay, Euku, Fabelfroh, Factumquintus, Felix Stember, Fenn Darr, Fice, Flaschenhals, Flominator, Forrester, Fothema, Fristu, Fritz Händel, Genet, Giftmischer, GoodGuy, Grode, Gugganij, Gunther, Haplochromis, Head, Henning Ihmels, Hubertl, Hystrix, IKAl, Interwiki de, J. Patrick Fischer, JD, JFKCom, JaScho, Janekpfeifer, Jarlhelm, Javaprog, Jergen, Jo Weber, Jocian, Jomat, Jonathan Hornung, Jonesey, Juesch, Justbridge, JuttaLu, Jörg-Peter Wagner, Kaisersoft, Karstenknuth, King Milka, KingLion, Kiran, Klugschnacker, Kogge, Konrad Lackerbeck, Korumora, Kristjan, Kuebi, Kuhlo, Kuifje, Kulac, Kung.futt, LKD, Lasse Hubweber, Llonniznarf, Logograph, MalteAhrens, Marcel311, Marriex, Martin Bahmann, Martina Steiner, Mata, Mathman, Matsch-Klon, Matt1971, Meister, Michail der Trunkene, Mietchen, Mijobe, Mime1609, Mittelpunkt, Moguntiner, Mondmotte, My name, Necrophorus, Neg, Nepenthes, Nicor, Nikswieweg, Nina, Nockel12, Olaf Studt, Olei, Oliver s., Ot, Otto67at, Paddy, Patrick.kursawe, Pausanias2, PeeCee, Pendulin, Peppix, Perlboot, Peter200, Petra Pokorny, Philipendula, Pirxhh, Pischdi, Pit, Pixiroll, Planetspace.de, Polluks, Pomponius, Port(u*o)s, Prianteltix, Primus von Quack, Präparator, PsychoPiglet, Ra'ike, Rainer Zenz, Rdb, Regi51, Regiomontanus, Reinhard Kraasch, Rennboot, Rjh, Rnordsieck, Roal, Robb, RokerHRO, RonaldH, Roo1812, SCPS, Sanni3, Saxo, SchneckenCarsten, Schniggendiller, Scooter, Seewolf, Semper, Sinn, Solid State, Spreesprotte, Stako, Stechlin, Steffen, Stern, Suhadi Sadono, Sypholux, T34, Tafkas, Tarantel3, Tepelstreel, TheK, TheWolf, Thogo, Thomei08, Threedots, Tigerente, Tobi B., Trochoidea, Trotamundos, Tsor, Tönjes, Uwe Gille, VerwaisterArtikel, Veuer Fogel, Vic Fontaine, Von-oberon, W.J.Pilsak, WAH, Wehe00, Wicki0815, Wicky0815, Wiedemann, Wilson44691, WissensDürster, Wkrautter, Wo st 01, Wosden, Wurstendbinder, Xarfay, Xocolatl, YourEyesOnly, Zaungast, Zenit, Zinnmann, Zollernalb, Zotteli, Zumbo, 314 anonymous edits

Grasschnecken *Source*: http://de.wikipedia.org/w/index.php?title=Grasschnecken *Contributors*: Ben Ben, Denis Barthel, Engeser, Morki, Olaf Studt, Trochoidea

Periostracum *Source*: http://de.wikipedia.org/w/index.php?title=Periostracum *Contributors*: Aka, Carver18, Crazy1880, Gerbil, Haplochromis, Mike Krüger, Peterlustig, Ri st, Rike110, SK Sturm Fan, Uwe Gille, 3 anonymous edits

Landlungenschnecken *Source*: http://de.wikipedia.org/w/index.php?title=Landlungenschnecken *Contributors*: Anghy, CommonsDelinker, Engeser, Eynre, Fice, Fritz Händel, Inkowik, JFKCom, Jeremiah21, JuTa, Melly42, Mike Krüger, Muscari, Olaf Studt, Regiomontanus, Roo1812, Rosenzweig, Splayn, Supermartl, Wiedemann, 6 anonymous edits

Schneckenhaus *Source*: http://de.wikipedia.org/w/index.php?title=Schneckenhaus *Contributors*: Asthma, Engie, Fredo 93, Heinte, Hl1948, Olaf Studt, Peter200, Quelokee, Rainer Zenz, Regiomontanus, Robb, RokerHRO, Sitacuisses, Supermartl, Tom Meijer, TomCatX, Trigonomie, Wasserseele, 13 anonymous edits

Lungenschnecken *Source*: http://de.wikipedia.org/w/index.php?title=Lungenschnecken *Contributors*: Adrian.benko, Aka, Asthma, Benito, Blaufisch, Bodhi-Baum, CWitte, CommonsDelinker, Denis Barthel, Engeser, Florian Huber, Fritz Händel, Hanson59, Hydro, Javaprog, Jocian, JuTa, Krd, Kristjan, Muscari, Olaf Studt, Oldooldo, Olei, Otto67at, Ottomanisch, PeFu, Peter adamicka, Petra Pokorny, Regani, Regiomontanus, Roo1812, SleipniR, Stechlin, Supermartl, Tigerente, Tsor, Vic Fontaine, 35 anonymous edits

Ordnung_(Biologie) *Source*: http://de.wikipedia.org/w/index.php?title=Ordnung_%28Biologie%29 *Contributors*: Aglarech, Alex12, AlexFoglia, Andres, B.gliwa, Ben-Zin, Branka France, Brummfuss, Brya, Cactus26, ChristianErtl, Complex, Conversion script, Cottbus, Denis Barthel, Dp99, Drassanes, Factumquintus, FerdiBf, Fristu, Gerhardvalentin, Glenn, Griensteidl, Head, Holger666, JFKCom, Jbergner, Kku, KnightMove, Laza, Martin-vogel, Mathias Schindler, Meteor2017, Mikue, Mo4jolo, Nuno Tavares, Olaf Studt, Pittimann, Spuk968, Suit, Ticketautomat, Vigilius, Wachstropfen, Zundelfrieder, 40 anonymous edits

Familie_(Biologie) *Source*: http://de.wikipedia.org/w/index.php?title=Familie_%28Biologie%29 *Contributors*: A.Savin, ABF, AN, Aka, Alex12, Alexander Z., Armin P., Avoided, B.gliwa, Baird's Tapir, Baldhur, Ben-Zin, Brackenheim, Branka France, Buchling, Bücherhexe, Carstor, ChristianErtl, Church of emacs, Co-flens, Cologinux, Conny, Conversion script, Dansker, Denis Barthel, Dha, Doc Taxon, Don Quichote, Engie, Ennowang, ErikDunsing, Friedrichheinz, Fristu, Fujnky, Gerbil, Gerhard Elsner, Gleiberg, Glenn, Hanno Sandvik, Hans J. Castorp, Head, Hydro, Inkowik, JFKCom, Jivee Blau, Klausmach, KnightMove, Kristjan, LGMuenchen, Littl, Liuthalas, Livajo, Makngghk, Martin-vogel, Mathias Schindler, Meteor2017, Numbo3, Nuno Tavares, Pentachlorphenol, Peterwilhelm, Phil41, Porsche 997 Carrera, Ra'ike, Ralf Weigel, Rax, Roo1812, Rprick, Rumpenisse, S.vMering, Scooter, Seewolf, Suit, Tönjes, Vigilius, Wofl, 63 anonymous edits

Pupilloidea *Source*: http://de.wikipedia.org/w/index.php?title=Pupilloidea *Contributors*: Engeser, Jeremiah21, Muscari, Vogelfreund

Vallonia_eiapopeia *Source*: http://de.wikipedia.org/w/index.php?title=Vallonia_eiapopeia *Contributors*: Denis Barthel, Enomil, Michael Kühntopf, Oceancetaceen, SchirmerPower, Zapane, 2 anonymous edits

Stachelige_Streuschnecke *Source*: http://de.wikipedia.org/w/index.php?title=Stachelige_Streuschnecke *Contributors*: Denis Barthel, Engeser, 1 anonymous edits

Image Sources, Licenses and Contributors

Printed by Books on Demand GmbH, Norderstedt / Germany